滄海叢刊

不以規矩不能成方圓

劉君燦 著

1986

東大圖書公司印行

© 不以規矩不能成方圓

作　者　劉君燦
發行人　劉仲文
出版者　東大圖書股份有限公司
總經銷　三民書局股份有限公司
印刷所　東大圖書股份有限公司
地址／臺北市重慶南路一段六十一號二樓
郵撥／○一○七一七五─○號
初　版　中華民國七十五年十二月
基本定價　貳元捌角玖分
行政院新聞局登記證局版臺業字第○一九七號

不以規矩不能成方圓
編號 E11006
東大圖書公司

草木風華
——序「不以規矩不能成方圓」

龔鵬程

在「大滴定」的中譯本序中，李約瑟曾寫道：「當歐洲人只能對極少數的植物命名和記述時，中國却出現了一大堆專門性論文，以探討特殊的科、類、種與變種。公元四六〇年戴凱之的「竹譜」已在對許多種竹類加以描述，而韓彥直於一一七八年寫成的「橘錄」可能是這一方面著作之典型。在中國，研究植物學的意識不需要別人來喚醒，因此我們不難發現：一〇八三年唐愼微所寫的「類證本草」與一四〇六年朱橚寫的「救荒本草」，其木刻圖皆長久領先十六世紀時德國的植物學諸父在植物圖解方面的成就」。

但這樣的成就，在周作人看來，適爲「自然科學在中國的不發達，恐怕在「廣學會」來開始工作以前中國就不曾有過獨立的植物或動物學」之證。他在「風雨談」（螟蛉與螢火）一文中斷言中國人拙於觀察自然，因爲往往將它和人事連接在一起；並舉古人聞見未精、察考失真者以資譏彈。此非知堂老人獨有偏見，凡熟悉五四以來思想發展者都曉得，這正是現代中國面臨西潮沖擊時普遍的態度：對中國傳統（或專指科學傳統）的陌生與鄙夷。

其實，如周作人這樣的學者，只要深入想想，就該知道中國之所以能在動植物學上領先歐洲甚久，正是因爲我們將它與人事連接在一起。「論語•陽貨」孔子論讀詩之效，嘗云：「詩可以興、可以觀、可以群、可以怨，邇之事父、遠之事君，多識於鳥獸草木之名」，文學、人事與自然，在此交揉爲一。草木鳥獸，卽在微言興感之中，而抒情嘆唱，亦不脫草木鳥獸。故美人香草，婉轉託諷，構成了我國文學一大特色。「文心雕龍」論文，特標「物色」，陸機「文賦」也說：「賦，體物而瀏亮」，詩人窺情於風景之上，鑽貌於草木之中，對於自然的觀察與理解，正如「文心」所說，是：「灼灼狀桃花之鮮，依依盡楊柳之貌，杲杲爲日出之容，瀌瀌擬雨雪之狀，喈喈逐黃鳥之聲，喓喓學草蟲之韻；皎日嘒星，一言窮理；參差沃若，兩字連形，並以少總多，情貌無遺矣」。不必另外等再有一批植物動物學家出來，才能展開動植物學的探討，詩人本身就多識草木鳥獸；草木鳥獸之學，亦起於對詩的研究，如陸機「毛詩草木鳥獸蟲魚疏」、蔡卞「毛詩名物解」、馮應京「六家詩名物疏」、陳大章「詩傳名物集覽」、徐士俊「三百篇鳥獸草木記」、毛奇齡「續詩傳鳥名」……之類，都是治詩經和動植物學的人所共同必讀的典籍。

換言之，在中國，科學本來就不是獨立的，也不該是獨立的。身處「解除世界魔咒」理性化思潮中的知識分子，誤以科學和人文的傳統整合關係爲理性化不足的徵象，而急迫地想要除魅。但這種態度，顯然是無法深入到科學的思想層面的，對科學之所以產生的意義及原因，當然也無從理解。

事實上，人對於外在世界的覺察、對於自然的感知，旣形成了他的科學，也同時開啓了他的人文。當中國人對時間的周期與循環特感興味時，我們不但有了老子「反者道之動」的哲學，也同時有氣象水文循環和人體內血氣循環的觀念。唯有真正深入地透過對這種時間觀念的掌握，我們才能理解相關的科學與技術；而且，也唯有藉著觀念的對比，中西方科技發展的性質與導向，才能明晰地勾勒其異同。如文藝復興時代，周期與循環的哲思，也曾影響到血液循環說，這是否意味直線型觀念的某些局限？同理，因中國人的時間觀念不同於希臘，所以不太可能像伽利略那樣，將時間當成可以用數學來處理的幾何量。這一切，正如劉君燦先生在這本書裏所指出的：局限於有限時空的歐氏幾何、無限延伸但機械式時空獨立的座標幾何，皆非中國所擅長；而所以如此，則爲中西方對於自然的覺知與處理方式不同所致。

這種「取象」的差異，構成了不同的科技與文化，劉先生浸淫中國科學思想史之研究甚久，對此亦特有會心。我讀他歷年討論中國科學思想及文化的文章，幾乎都是環繞在這個地方申論譬說；尤其是有關感應思想與科學發展的關係，闡發最爲深入。不僅由天人感應、物我交感，連貫地談中國天文星宿、指南針、潮汐認知、共鳴利用，候風地動儀等科技問題，自成體系；而且彷彿他還希望從光聲影響，來通觀整個科學的發展歷程，「感而遂通天下之故」。這是一偉大的工程，而其本身也卽具有科學與人文濡融通會的性質，無怪乎他要一再強調自然教育與人文教育的溝通了。

我對科學，尤其是中國科學，也跟當代知識分子一樣，是無知的。但我通過人文典籍的涵咀、詩文藝術的品味，乃至中國古代文化情境的理解，對於中國人觀物取象的方式、對自然的覺察與感情，也還略能揣摩一二，對於科學與科學思想的幽微深邃，亦輒心存嚮往。偶向君燦兄請益，或讀他的文章，更是對中國科技充滿了溫情和敬意。他譯過愛因斯坦的「人類存在的目的」，我想，在人類存在的目的和意義之下，自然與人文永遠是交光互攝的。他的芬芳悱惻之情與文字之美，在他自述如何譯介愛因斯坦文集時，已顯露無遺，將來本此精神、循此路向，續有闡發，則牖啓來學，影響又不僅止我一人而已了。七五年九月中秋。

自序：「中和鄉」的「圓通寺」

中國傳統有一套極爲圓融的方圓哲學，爲人要外圓內方，行事要圓達，但不可失去方針原則；在一定的地方，做事有一定的方法，遵循一定的方向，甚而一定的病情，要靠一定的藥方對治；在天圓地方的觀會下，人在天覆地載之間，一切要方中求圓（大方），把人的創造力發揮極致，但不可忘了人的有限性，追求無限，回歸有限，老祖宗們便是這樣的安身立命著。

中國人傳說中的祖先之一——伏義與女媧，在敦煌出土的彩圖中係一人持規，一人持矩，下身爲交尾的魚身。這有幾個含義：一爲人倫亦有大道，大道始於夫婦，否則爲甚麼我們生下來要冠以「姓名」，且出生即有「性別」呢？二者中國傳統是重視科技的，特別是生活中的科技，解決生活中的疑難，觀察到的問題，所以「不以規矩不能成方圓」成了流傳至今的俗語。三者表示中國科技與人文貫通的文化特色，中國科技大抵化於人文之中，所以科技性的專著不多，尤甚是理論方面的，不過科技與人文都有所規範，有所彰顯，「天圓而神，人方以智」不以規矩不能成方圓也！

人「方中求圓」，功夫到了，女媧可以補天，所以，天做孽，猶可違，人作孽，不可活」，無論自然秩序，無論人文秩序，還是交織的自然、人文生態，人的一切把握在人的手裏，追求秩序，但是可變通的秩序，而不是僵化的秩序，所以「中和鄉」會蓋了一座「圓通寺」！

這本集子所收輯的或短或長文字便是想在「中和鄉」蓋一座「圓通寺」，中國科技與人文的結合有其理論淵源，但更是精緻與民俗的結合，是透過生活的參予的。本來發展科技，面的紮根就遠比點的突破重要，所以在傳布老祖宗的智慧時，我除了理論的探討外，也注重通俗的發揚，而本書大抵就是通俗發揚的一本集子。

本書分爲三個單元，第一個單元爲「傳統科學的光影聲響」，談到傳統科學的過去、現在與未來，頗有些悲情與鴻願，著重的是中國人的時空觀，與最出名的「感應科技」——指南針。第二個單元是「中國的生態思想」，「生態」是價值與理性最宜於合一的所在，且看看老祖宗的「無後爲大」與西方的「展望來世」吧！

第三個單元是「自然教育與人文教育的溝通」，透過教育才能春風化雨，移風易俗，我想「通識教育」的宗旨應該在此。而這個單元也是本書文章最多，篇幅最長的一個單元，大致可以見出我的苦口婆心吧！

最後要謝謝老友龔鵬程的賜序，他在國文天地月刊爲我開闢的「科技史釋文」專欄，使科技在國文中得到不少的發抒，本書中不少的篇章便來自該刊。更要感謝三民書局主編王小姐的慧識，使本書得以刊布。當然最希望的是書中的「光影」能得到讀者的「聲響」，至少也有「樹影婆娑」之效吧！

不以規矩不能成方圓 目次

中國的生態思想

自然教育與人文教育的溝通

傳統科學的光影聲響

傳統科學的過去、現在與未來

中國的學問一向以解決「人」的問題爲首要的考慮，傳統科學自也不例外，它要解決人所面臨的自然環境問題，以及如何便利人的日常生活問題。先民面對大自然的種種變幻，嘗試賦予一個秩序，第一個要處理的便是日升月降，風雨雷電如何產生？大地與萬物如何出現？套句術語來說，便是要提出一個宇宙發生論（cosmogony）。宇宙發生論是每一個古文明都有的，也都與神話、哲學分不開來，而科學也就是從此中誕生。中國一貫的宇宙發生論可以古代啓蒙讀物幼學瓊林卷首的「混沌初開，乾坤始奠，氣之輕清上浮者爲天，氣之重濁下凝者爲地」爲代表，在意念上與近代頗爲類似……。

科學著作散見各書

但中國學問強調要解決人的問題，無論是宇宙發生論，宇宙論，以至於自然觀，整個傳統科學在中國都是整體文化中的輔助角色。在中國科學史上響噹噹的巨匠大都不是純科學學者（當然西方的科學名家也有時如是，因爲文化是內部互相影響的），如墨子、王充（漢）、沈括（宋）、方以智（明）等人。他們的科學著作大都係其著作中輔助的一部分，有時甚至不獨立成篇，如王充的論衡，沈括的夢溪筆談等，都沒有專談科學的篇章，而是散在整本書之中。

我們可以說，除了工藝、醫藥、曆算、博物（動、植、礦物）外，中國少有專門性的科學著作。譬如中國有相牛經、相馬經、黃帝內經、周髀算經、博物志……等等，卻沒有亞里斯多德的「物理學」、「動物學」……。卽以託付的理想官制書——周禮中，後來取代「冬官」的也是「考工記」，而不是純理論性的著作。在實際官制中，近於科學的也是工部、兵部和直屬皇帝的欽天監、太醫院。

這一切的一切，很容易便給人一個印象——便是中國只有工藝，而無科學。甚至中國只有工藝上「碰」上的領先與繁盛，在理論上比西方科學主要源頭的希臘都差的太多。不獨民初主倡「賽先生」的中外人士有這樣的看法，就是到了今天，一生矢志替中國打抱不平的李約瑟，在其巨著「中國的科學與文明」中，一再陳述的也是中國科學一直在緩慢進展，沒有經過「科學革命」的蛻變，因此十六世紀以後被西方趕上超越……。

中國為何缺乏科學革命

因此李約瑟一代的中國科學史家，大多在找尋爲什麼中國沒有科學革命，而試圖提出種種解釋，諸如中國文明過份早熟，加上地理上的封閉，習於故常卽可滿足……等等。晚一輩的 Nathan Sivin 等人則認爲中國科學有其獨特模式，不會產生像西方一樣的「科學革命」。

那中國的傳統科學究竟是怎麼回事呢？我個人認爲中國的科學是整個化在文化之中的。不只先秦兩漢的墨子、荀子、淮南子、王充等人如此，兩宋的張載、朱熹，一直到明末的宋應星、方以智等人也如此。所以除了宋應星有「天工開物」，方以智有「物理小識」，所提到的名人都沒有專門性的科學著作。

爲什麼中國科學整個化到文化之中呢？個人認爲是因爲「天人合一」的思想，中國人向來認爲自然秩序與人文秩序固然相異，卻是可以交融的，人是天覆地載中的人，天地是供給人覆載的。天地人三才中，人是出發點，也是歸向點，在中國特具的類書（近於西方的百科全書）中，無論是談自然、談人文，甚至彙集詩文，大多以天文、地理、歲時、氣候……爲始，再談到人事、工藝、百物等等。譬如藝文類聚、古今事文類聚、玉海、喻林、淵鑑類函等都如此，就是較專門的廣博物志、三才圖會、格致鏡原、物理小識等也都如此。

首要之務解決人的問題

因爲天氣、地時會影響收成和人的健康，所以皇帝要直轄欽天監、太醫院，內經以下的醫書也強調自然環境與人的交互影響。又因爲收成和健康都需要創制器具（制器），但「制器」要「法天」（向自然學習），所以易經繫辭要說「制器尚象」（模仿自然來創制器具）；宋應星也要因尚書「天工人其代之」一語，來著作「天工開物」。因爲與人最直接相關的是日常生活中的工具，所以中國傳統科學重工藝是其來有自的。

所以在自然秩序與人文秩序的天人交感思想下，中國傳統科學的散諸經典，而較少獨立成書，就很自然而然了。這種關聯感應的思想使中國率先發現了地磁的方向性，潮汐爲海水受日月吸引（西方要到牛頓時才有），「銅山西崩，靈鐘東應」的地震儀制作，各種音器共鳴現象的解釋與利用，甚至磁偏角的隨時間變動，都有了理論的詮釋，雖然大都是定性，而非定量的。但只有定量的理論才是理論嗎？「天道不可盡數」啊！

並且在人文的突顯下，中國人的天並非完美無缺的，所以「女媧要鍊石補天」，「盡人事以聽天命」，中國人的勤勉與容忍也是其來有自的。這在科技上就是強調既有工具的靈巧運用，包括改良。而事實上工藝事實與科學理論是不可分的，沒有理論，就沒有工藝事實。這句話是孔恩（T. Kuhn）一代的科學史家與科學哲學家所特別強調的。

希臘人認爲天空是完美的，天體也必依完美的圓形運動，並形成球體。伽利略一輩子都無法接受開卜勒的橢圓行星軌道，因爲這在傳統科學思想上是不可思議的。西方接受了基督教後，很自然形成天界與世俗界的隔離，完美的數學大抵是爲完美的天界而準備的。伽利略創始用解析幾何描述地面運動，開卜勒描述行星運動，牛頓再整合天界、地界，用運動三定律與萬有引力定律描述天地間的一切物理運動；這一切無非是因爲完美的上帝所創造的世界必然是完美的，而完美的就是精確的，要精確就只有靠數學。因此西方的天文與物理是孿生兒，宇宙論是物理宇宙論（Physical Cosmology），數理又往往並稱（所謂 Mathematical Physics），自是理所當然。

所以科學革命與宗教革命所爭的不過是詮釋上帝方式之爭而已；要求從大自然，從世俗成就，而不再從耶經、來世來肯定上帝，更進而肯定個人而已。而這一切講究的是邏輯的蘊含，有了時空、物質的假設前提才有了牛頓的機械物理，更換一下前提也就有了愛因斯坦的相對物理。而西方神學的講求邏輯思辨更是一大特色，也是近代哲學、科學的所以衍生。

東西科學模式大異其趣

這自然與講求關聯感應的中國思想眞是大相逕庭。雖然今天已沒有科學家關心「一個針尖上有多少天使在跳舞」等神學思辨；也沒有多少人對「氣的流行，陰陽交感，五行生剋」感興趣；但兩者文化模式、科學模式的差異是顯而易見的。

其實科學哲學與科學史這兩門學問的興起，某一方面代表西方在檢討科學在他們文化上的結構角色與歷史角色，因爲他們也覺察到西方科技太重速效，思想上也太重單向的因果蘊含方式，傾向分裂自然的整體性，以致破壞了環環相扣，網狀，而非單向的生態系統。

中國傳統科學大多是化在文化中的，所以有時醫卜不分，器技不二，天文也與星相合流，這代表中國科技大傳統與民俗小傳統的溝通性很強，大傳統來自並加強小傳統。當然有人也許會說中古西方天文、星相也合流，後來分開才產生天文科學，其實這是錯的，西方天文早在希臘時代就與物理結合，星相不過利用黃道（指地繞日，或日繞地的軌道）所經十二宮星座等，與天文科學毫不相關。何況科技化在文化之中是強調整體關聯性的，注重各部分間的關聯，但內容卻是可變的，事實上，自先秦至明末，中國的科技因內發外爍，內容變化得太多，但精神形式大致不變，仍然是關聯感應式的。

中國科學何去何從

但民初以來，在速效性西方科學的衝擊下，大家幾乎都「不識廬山眞面目」，自小學到大學，從例題到習題，充斥著舶來品，算術如此，化學如此，三角、幾何也如此；更不論物理、醫藥、天文曆法了。在這種教育下成長的青年，尤其是理工醫學生，自然認爲中國沒有科學，甚至排斥傳統科學了。並且現在的科學教育大多只重塡鴨，而不重如何去思考處理一個問題。如此一來，就只有永遠跟著人家尾巴跑了；連人文對科學的重要性都要西方人提起後，我們才跟著喊，眞令人愧對先賢。

經過上述的檢討，我們了解中國傳統的科學在思想上注重關聯感應，西方則注重因果蘊含，不過現代西方發現因果可能形成「生態網」，單向因果式探究方法是不夠的，不過「生態網」仍可用數學分析處理，我們可稱之爲「整合——分析交融式」。那在今天的情況下，中國的傳統科學又該何去何從呢？

我可以這麼說，固然中國科學模式的形上部分，史家大致有一共識。但運作性的指導這一方面，大致仍是未經開闢的處女地。也就是說，大家大致肯定中國科學有自己獨特的一個模式，但到底是怎樣的一個模式，還在「瞎子摸象」。不過卽使是「瞎子摸象」，也要大家肯去「摸象」，否則永遠不知道「象」是怎樣的一個模樣。

除了要大家去接觸傳統科學，多在算術、三角……等科目中加入中國傳統的例題、習題以外，我更強調這並不只是用西方方法處理中國材料的問題；前面已說了中國科學之有獨特模式大致已被認同，至少在形上思想方面大致有所共識，因此要注重思想上的價值意義，至少關聯感應的整體性想法，同異交得的生態原則，的確可以告訴我們，無論文化，無論科學，沒有特色，不能同中求異，是沒有存在價值的，因爲大家同樣都需要陽光和水，沒有特殊而別具巧妙的獲取方式，是會被淘汰的。

並且我個人還認爲關聯感應與因果蘊含這兩種探求方式，在後現代的科學探求中，是可春華秋實，各擅勝場的。只是如果最後是由西方人搞好關聯感應式，那華夏子民可就蒙羞了……。不過未來是不可斷言的，因爲一切在人。最後再強調一句：「同異對比（contrast）下的發展永遠代表人類文化的生機，劃一的權威講求則是生機的斲傷！」

「時報雜誌」三一二期，民國七十四年十一月二十日

談科學與中國科技史的研究

科學史與科學哲學的研究是廿世紀新興的學門，科學史更略晚於科學哲學，在美國大概以三十年代的 George Sarton 爲主要的濫觴，也至今爲美國科學史學者所推崇，而科學史這門學問興起後，迅卽與科學哲學相激相盪，事實上 George Sarton 一九三一年出了一本書叫 *The History of Science and the New Humanism*（「科學史與新人文主義」），由此書名已可略知相互激盪的端倪了。而國內科學史研究者想加入的學會爲「International Union of the History and Philosophy of Science: Division of History of Science」(國際科學史與科學哲學聯合會：科學史組），兩者構成「Union」，亦可具見。

之所以會如此，是這樣的。雖然自十六世紀哥白尼、伽利略、牛頓以來，卽號稱科學革命，但科學眞正要成爲人類文化的主導角色還必須等到廿世紀，伽利略與牛頓時代全世界能稱爲科學家者全部加起來恐怕還坐不滿一間演講廳，到了十八世紀晚期科學才形成一持續的專門行業。到了十九世紀末，電磁學實際有了電工學、電訊學的應用，而各種能源的如潮應用，特別是石油，也才有了較密切的結合，也就是機械的應用，不再是純力學的槓桿等機械能、熱能、化學能、電能、光能慢慢配合起來，使驅動的精密與量化日進萬里，換句話說，廿世紀才是眞正科學與技術的結合。這股沛然莫之能禦的力量使廿世紀形成了眞正的科學世紀。地球的外貌改變了，社會的結構改變了，人類的各種行爲，自戰爭、交通、飲食、衣著，甚至於思考與慾望都改變了，而科學家與技術家也都成了天之驕子，炙手可熱。但這種改變帶來了社會結構解體的危機，自然環境的破壞，在有限裏做著無限的應用，「征服自然，改變人類」的口號罔顧了自然系統以及人文系統各自的整全性，跟自然與人文結合成文化系統這更大的整全性。因此有識之士開始做各方面的反省，開始感覺科學恐怕是文化有機的一部份，而哲學是人類最早也最豐富的學問，因此各從結構、方法、形上基礎等方面檢討起來，這就是科學哲學的興起。

但這樣做還不够，科學的風起雲湧不是突然發生的，有著長久進行的過程，是「其來也有自」的，因此科學史這門學問興起了，想從歷史的演化來瞭解科學這個角色。因此科學史與科學哲學都是想搞清楚科學究竟在人類文化與社會的過去與現在扮演著什麼角色，以及還有扮演什麼角色的可能，它們之間的 Union 自然是順理成章的。

但現代科學的巨大創造力與改變力是來自西方的，自文藝復興，科學革命以來，西方大致做的是征服自然與征服世界這兩件工作，當然這世界包括西方，不過西方自視是世界的主人就是了。現代慢慢的，他們一方面研究科學哲學與科學史，認爲這是當代瞭解他們文化的鎖鑰之一，但他們有些人士也有點感覺，這個文化的危機可能有自神秘的東方取得新的方法與訊息來源的必要，以做為助力，甚至「瞭解」可能是進一步征服的開始，「助力」在某些方面是等同於「市場」與「原料」的。西方國家的「東方研究」大都有這樣的色彩，所以我們也不必沾沾自喜，至於對禪學、莊子、瑜伽、針灸等在西方的一陣風靡就更可等閒視之了。

西方的「中國科學史研究」大致也不外於此，廿世紀初期，他們仍有著政治殖民時期的完全驕傲，認為中國只有技術，而無科學，不屑一顧。而當時探討中國傳統科學的中國學者，大致都翻遍經典，找能與西方科學比附的一鱗半爪，即沾沾自喜，大謂吾國古代如能持續發展此一光輝傳統，而不為禮教、政治等等所限，當不致遠落其後，此中最為人所津津樂道的就是墨家、名家的邏輯與光學，和一點物理學與幾何學，其他中國長久的天文觀測與動植物記載則被當做資料處理，中醫因系統性差異與實效性生死的關係，則一直在扞格的狀況下。能用西方方法來研究黃蔴以提煉黃蔴素治氣喘的陳克恢，是以西法處理中國資料在藥學上的佼佼者，而這也是本土性較強的當時中國科學家所致力的方向，如地質學的丁文江和生物學的胡先驌等人。更多的人士則認為中國的科學與文化既不如西方，那麼就全盤西化吧！

慢慢的，中西雙方都有很多人開始從資料的發現中，認為十六世紀以前中國的科學很多都既先且盛於西方，只不過都是中世紀形式的科學，沒有經過「科學革命」，所以逐漸落後西方，因此開始從各方面，諸如文化思想、社會結構、經濟政治等來分析為什麼中國沒有科學革命，名滿全球科學史界的李約瑟一輩子大都致力在這些方面。在這些研究中，他們已開始注意中國科學發展的特色，但他們的基本假設是科學是客觀的，只此一家，別無分號，西方的科學發展是人類科學發展的唯一模式，中國以前沒有走向這個方向，以後必須轉化走向這個方向，當然這種轉化恐怕還不只在科學本身，包括文化各層面的轉化，因爲文化是一整體。

西方科學史與科學哲學的探討到 Thomas Kuhn 到達一個高峯，他的 *The Structure of Scientific Revolution*（「科學革命的結構」）一書風行全球，「典範」（Paradigm）一語膾炙人口。更迅速的爲各個學界的人士所引用。在此書中他主要的探討之一是科學活動究竟是怎麼樣的一種活動？如何面對資料，形成問題，回答問題的方式是「科學」與否的特徵之一，所以「典範」的達到與否就表示這種「問答」方式是否形成傳統，也就成爲是否「成熟科學」，甚至是否爲「科學」的表徵。而在他的理論中，自希臘以下的西方探索自然問答方式以及論述方式成爲「科學」與否的幾乎唯一模式，並且他還有一個基本假設，卽科學與文明是進步的，所謂典範前科學與典範後的成熟科學這種分期就明顯有這個色彩。而十六、七世紀的科學革命至少表示西方相關的天文學與物理學走入了嶄新的典範，而其他科學也隨步前進，因爲物理學是一切科學的基礎。而前一陣子甚囂塵上的科技整合卽表示大致因對象而分殊的各門科學應用在方法上和應用上再回到這個基礎而已，而許多生物化學、生物物理，甚至分子生物學者却認爲生物現象不過是物理、化學現象，甚至人類的心理、精神現象可能也是體內物質的理化反應，這與科技上各種形式能量的綜合應用是相呼應的，至於社會科學的比附其餘事耳。

其實他的分期觀念是許多西方文化學者所慣有的，所謂巫術時代，神話時代，人文時代，黑暗時代，理性時代，原始時代，科學時代，啓蒙時代……等等以及類此形形色色各式的分期都如是，只不過有所謂直線進步，起伏進步，連續或不連續而已。但也有不少學者認爲以當今人文秩序與自然秩序的破壞與混亂，恐怕會使現代人不敢再以其文明傲視古代人，甚至傲視崇尚巫術的原始人，在現代的人類社會恐怕有不少的現代圖騰吧！回歸自然，崇尚原始的呼聲遂相應而生，而中西古代經典的精神也爲許多學者所急於汲引。

有些人類學者研究初民社會，發現北美大草原上的兩族印地安人，其自然環境完全一樣，但製作的石器形式卻不一樣，那不同的形式是否具有同樣的功能呢？筷子與刀叉形式不同，但同樣能取食飽腹啊！中西石器時代製作形式與精神的不同也有所發現，這使學者們想到，人類文化與科學的發展是否各有各的模式。而在理論上，因爲人類文化是人與自然的互動，科學不過是這種互動的一支而已，既然科學或文化是經過人類對自然的「取象」，那「取象」方式的不同，是否就形成不同模式的文化與科學呢？換句話說，科學恐怕不是絕對客觀，只此一家，別無分號的吧！個人認爲Karl Popper 的「第三世界論」即含蘊這樣的意會。（物理學家 Niels Bohr 與 Werner Heisenberg 早就認爲科學是人與自然的對話，而不是對自然的客觀探究。）

因此，近來有些研究中國文化的學者，認爲中國文化自有其發展的內在動力與模式，不必強以西方的觀念解釋中國文化的發展（包括歷史的發展）。同樣也有些研究中國科學史的學者，如美國的 Nathan Sivin、韓國的金泳植（Y-S Kim），和可說肇始的 A.C. Graham 等人都認爲中國科學發展自有其特色的模式，而既然中國科學發展自有其特殊的模式，那中國爲什麼沒有「科學革命」恐怕是一不必要的問題了。

於是有些學者就開始致力「中國科學發展模式」的探討，如金泳植的科學史博士論文就是「朱熹的世界觀：朱子全書中有關自然世界的知識」（*The World View of Chu Hsi* (1130-1200): *Knowledge about the Nature World in Chu-tzu Ch'uan Shu*），Sivin 也探討明末清初西方科學初入中國時的反應，特別是在天文學方面，因爲人類社會早已不是各自封閉的社會，探討初次交逢下的激盪是有助於今日對各自科學模式的瞭解和交合可能性的探討的。

筆者未曾見到金泳植的博士論文，見到的是他的「中國傳統文化中的自然知識——中國科學史研究中的一些問題」(Nature Knowledge in a Traditional Culture: Problems in the Study of History of Chinese Science，此文王道還先生已有翻譯，刋在「史學評論」第九期，民七十四年元月）。文中他提到了他對朱熹自然思想的看法，他認爲朱熹的思想中，「理」只不過是一物得以存在，或一現象得以發生的根據，這「理」只表明有這麼一種秩序存在而已，並沒有說明這一秩序，因此朱熹僅立一「理」的概念，而不曾分析或研究「理」本身，換句話說，他只有對「理」之存在而非「理」之內容的興趣；同樣的，固然「氣」有聚散、升降、縮張等各種運行方式，它們卻是「氣」的本性，不假外因，因此一旦某一現象被當作是「氣」的運行結果之後，這現象就算是已獲得充分的解釋了。朱熹未曾試圖對它們作超越表象層次的理論性的，或抽象的探究，對朱熹而言，「空」「無限」「物質」「空間」這些觀念都是不實在的，它們無屬於對眞實世界以實在性的思索，在發現這一世界中的道德、社會問題時也毫無用處。

金氏認爲對這類抽象，理論性的觀念的思辨，往往使我們更了解自然現象，至少在西方，爲了詮釋這些觀念而引起的爭論，在「科學革命」期間終於導致它們的解決。此外Sivin對西方科學初入中國的初步探討，也認爲中國學者對西方科學思想上爭辯不已的問題幾乎毫無所感，幾乎不加思考，不加論證地便接受了西方科學的許多東西，諸如地動說、地圓說等等，因此嘖嘖稱奇，連聲哀歎。

筆者認爲他們在探討中國科學發展模式時所以會有如是的觀感，是受了西方科學傳統根深蒂固的影響，恐怕Thomas Kuhn理論的影響也很大。一者認爲，應當「爲知識而知識」，因此朱熹動不動一談「進學在致知」，就說「涵養須用敬」，即「格物致知」是爲人生而服務的，所以朱子常說「持敬是窮理之本」「敬學功夫乃聖門第一義，徹頭徹尾，不可頃刻間斷」，程伊川也說「在物爲理，處物爲義」，在中國形上、形下是貫通，道器是一體的，所以中國科學在中國文化中大抵是輔助角色，文化是整體的，任何知識與科學都需考慮到人生，西方科學過分強調「爲知識而知識」，不知出了多少禍事，不少現代西方科學家考慮到了知識的社會責任問題，放棄了終生致力的「化、生、放」研究，這意同放棄了謀生的職業，而致力反對「爲知識而知識」的傳統教條。至於金氏認爲在朱子的觀念中，自然科學的探討，特別是抽象理論的探討，於處理這一世界中的道德、社會問題時毫無用處，這根本是對朱子的誤解，也對「文化整體性」的瞭解有所欠缺。（請參閱筆者在「鵝湖」月刊一〇三期，一九八四年一月，發表的一篇短文：「由價值與理性合一的生態學談起——簡談朱子格物窮理說的心態意義」。）

再者抽象理論對現實世界的解釋問題，筆者也認爲西方過分強調了抽象理論的重要性與應用度。不錯，現代科學最大的詭論之一，便是科學家或數學家把問題理想化到乖離常識的手法，好像都曲解了問題，但由此推展卻得到正確的解法。這完全對，在自然界中，絕沒有牛頓的直線慣性運動，在地面上，任何的運動都會終止，天體的運動看似永恆，但也不是慣性運動，伽利略對天體的永恆運動，百思不解，因此提出了所謂「圓周慣性」，以等速圓周運動爲慣性運動。而自哥白尼、伽利略、牛頓以來，托勒密、亞里斯多德建基在日常常識上的天文學、物理學遂全盤瓦解，而這也開啓了「科學革命」，造就今日的文明。而廿世紀的量子論、相對論更遠離常識，令人匪夷所思，但卻是廿世紀最大的成就之一。

不過這便足以支持抽象理論是解釋或處理現實世界的唯一法寶嗎？在西方，A. N. Whitehead高舉著反對的旗幟，一方面他預言「將來生物學所致力的是大有機體的研究，物理學致力的是小有機體的研究」，有點懷疑物理學是否仍能成爲所有科學的基礎，強調了生命與自然的有機性與整全性。另一方面，他的「具體性誤置的謬誤」更膾炙人口，在物理學上，我們早知道可見光不過是電磁光譜的一小部分，但如是我們便能否認紅花綠葉的實在，而視爲原子、電子的宇宙振動嗎？人類的感官有限，因此人類必須借助各項設備，但人類所思、所感的生活世界永遠是最眞實的世界，以抽象理論代替生活世界的眞實性便是所謂「具體性誤置的謬誤」，這包括由抽象理論衍生的儀器設備在內，原子、電子的實在性只見有抽象理論中的脈絡意義，近代物理學中的波動與粒子二象性詭論以及「不確定原理」(Uncertainty Principle) 便具有這樣的意含，請讀者參閱筆者所譯，Werner Heisenberg 所著的「物理與哲學」(*Physics and Philosophy*) 台北幼獅書局，以及筆者在「哲學與文化」十一卷二期，民七十三年二月號上所發表的短文「陰陽自然哲學與量子論的哥本哈根詮解」。以及在「東吳青年」八十一期（民七十三年十二月）上刊布的「科學的概念與結構」。

再者，筆者認爲朱熹並不足以代表中國的科學思想，甚至也不能完全代表宋代以後的中國科學思想，中國的科學發展模式，在思想上似乎可從易經繫辭、墨子、荀子等先秦思想家，漢代董仲舒的春秋繁露、淮南子、王充的論衡、……一直到張載、朱熹……以及明末的宋應星、方以智等，再配合對中國各門科學做實際的探討，如天文、數學等，特別是內經以下的中國醫學思想，這是中國科學中最自成體系，也最具實效性的一門。在中國的科學發展模式還沒有大致釐清以前，最好不要妄下斷語，說什麼中國科學發展固然自成模式，卻是已失敗且將被淘汰的模式，更不要以西方科學發展模式來定中國科學發展模式的缺陷，因爲這已先假設了西方科學發展模式的優越性，且有時欠缺對基本假設的檢討，中國科學的衰微是時代性的，還是本質上的，在中國科學發展模式還未釐清以前，過早做價值的權衡，包括肯定中國科學思想對後現代社會科學發展的助益，都是妄斷，是不足取的。

在現代人類社會的相互開放性之下，也不要認爲東西科學的交流只是在爲西方科學尋找「原料」與「市場」，有的朋友認爲現代對中醫的研究，特別是西方對中醫的研究，只會豐富西醫，對中醫毫無助益，因此最後一定是西醫消化中醫，因爲中醫的特殊性消失了。這種斷語有待思考，互動下到底是會出現整合的模式，還是一方消失，一方發展，最好不要做過早的預言，因爲一切在人。以我個人的觀察，我認爲所謂的「人類文化」目前已在形成之中，但將來的人類文化恐怕是普遍中有殊異，殊異中呈普遍，而不會只有唯一的模式。

另外，據筆者個人的粗淺探討，繫辭中的「象、類、器、數」等觀念，尤其是「制器尙象」的思想，恐怕是中國科學思想主要的濫觴之一，墨子、荀子中的「別同異」，荀子的「統類配應」，墨子的「類比思考」，春秋繁露的「同類相應，異類相感」，淮南子天文訓的「物類相動，本標相應」，論衡的「物類相致，非有爲也」「同類通氣，性相感動」（論衡・偶會篇），這種「類學」思想恐怕是一脈相傳，一直到明末方以智的「物理小識」中都在呼應著。這裏「類學」一辭是筆者對中國傳統科學的特稱，因爲筆者認爲「類」的思考是中國科學的主要特色。李約瑟在其巨著「中國的科學與文明」第二册，「中國科學之基本觀念」一節中所謂的關聯性思考（Associative thinking）及其意義，此別於西方的從屬式思考（Subordinative thinking），更是啓發筆者的濫觴，李約瑟本人甚至寫了一篇「中古時代初期中國鍊金術之類理論」（*Theories of Categories in Early Mediaeval Chinese Alchemcy*），此文發表於一九五九年，但此後李約瑟未續加發揚。而日本學者山田慶兒（Yamada Keiji）在廣重徹主編的「科學史のすちめ」（筑摩書店一九七〇年初版，一九七九年八版）第二章「中國科學の思想的風土」更使筆者萌生心有戚戚焉的感覺（此文嚴勝雄先生曾摘譯於華學月刊第一四三期，七十二年十一月二十一日，但譯得不太好）。筆者在友朋組的「夏學會」對易經繫辭的討論中，曾略對「制器尚象」思想做了一點搔爪的粗淺探討，而對爲西方科學衝激的方以智也正在探討中。

在實際科學上，中國科學上四大發明之一的指南針（後來形成羅盤）的創制，恐怕就是受了感應思想的啓發，指南針最早的濫觴指南勺便是出現在王充的論衡一書中，而希臘也早在小亞細亞的 Magnesia 地方（今天「磁」之一字 Magnetism 便由此而來）發現了磁鐵的特性，但迄無製作指南針的構想，反而認爲鐵中具有的濕氣是乾燥的磁所極需覓食的對象，且這種磁食鐵爲生的觀念歷久不衰，到了十六世紀的 John Baptista Porta 還想以實驗驗證這種說法；而在中國古稱「慈石」（見淮南子・覽冥訓），磁石的吸鐵猶如慈母愛兒，是頗具「感應」味道的。此外東漢張衡所以會想到用候風地動儀來測地震，恐怕也是「銅山西崩，洛鐘東應」的思想使然，而共鳴現象的解釋，潮汐成因來自日月影響大致也是如此，但不必將感應與後來西方機械式的超距作用（action at a distance）強拉關係，一如李約瑟所津津樂道者。

另外我還稱中國「類學」在人文上的對當爲「群學」，因爲「群」的概念在中國的人文思想中也是很具特色的，與西方的社會科學完全不同，正像「類學」思想與西方科學初基之一的分類概念的不同差不多。而在這種檢討中，我也初步接觸到了中國傳統的「對立和諧論」，中國的「對」一字本就有「對立」（Opposite），「對偶」（Pair），「對錯」（right）三義，「對立」是必然「對」的，因爲他們形成「對偶」而和諧，諸如陰陽、道器，男女、乾坤……等都是如此，這絕非西方「正反合」的矛盾統一論，因爲中國只講對立，而輕忽矛盾。甚至「同不可相治，必待異而後成」（淮南子•說山訓），「異所以安同也，同所以危異也」（呂氏春秋•處方），這些名言告訴我們要在差異的把握中去求普遍化。而「暮春三月，江南草長，雜花生樹，群鶯亂飛」，不「雜」不「亂」那顯得自然生機的勃勃，劃一的強求只有造成生機的沮喪，人類的文化本就應在同異的辯證中發展，任何的偏枯恐怕就是滅亡吧！

一九八五年五月廿日夜成稿於新店自得書室

「文大青年」三十八期，民國七十四年十月

附・・個人對中國科學史的幾點意見

個人從事中國科學史的探討以來，接觸過形形色色對中國科學史的看法，無論是抱殘守缺，見溢美卽喜者，抑或揄揚西方，唾棄傳統者，都立論薄弱，不甚值得一評，但近來接觸到一些或可稱之爲「全盤西化救中國論者」，却立論嚴謹，見解深刻，個人甚受感佩，並有所啓廸，但順著他們的思路，我却有一些不同的意見，玆先陳述他們的看法，順便也提出一二我自己的意見。

首先他們認爲李約瑟畢生努力的一大課題：中國爲什麼沒有現代科學？而在十六世紀前却有那麼那麼豐盛的中古科技？可能是一個虛假的問題[1]，因爲中國根本沒有科學，因此就沒有「爲什麼沒有現代科學」的問題了。因爲他們認爲科學不是對自然現象的經驗記錄與描述，而是自然現象爲何會如此的數學化物理定律的提出。譬如希臘的天文學是用幾十個周轉圓來描沭日月五星爲什麼會有順行、逆行那樣的行徑，而不是根據長久的觀察記錄來預測行星什麼時候會到達什麼位置（這是曆法），因此中國沒有西方式的天文學。或說沒有天文學。甚至他們認爲中國的「觀

[1] 見王道還著「淺談科學與人文」科學月刊七三年四月號，頁二八九。

乎天文以察時變」只注意天象之變，而不問天象之常是怎麼造成的。中國唯一有用理論來解釋自然並形成系統的可能只有醫藥學，但眞否如此，猶有待探究。

其次他們不太願意處理科技起源的問題，而大都問形成後如何發展與傳播的問題，因爲形成可能有偶然性的成分，同樣的時空背景是可以產生兩套解釋自然秩序的看法，也衍生兩套處理自然事物的方法，如北美有兩族印地安人同樣居住在同一的北美大草原上，却有不同的文化體系❷。對「人類本性有相同的實用需求，因此不同的時空可能有相同的發明，只是後來者不肖，發展便有所不同」這俗見，他們是認爲不同的形式可以有相同的功能，正如用筷子用刀叉都可達到吃飽肚子的目的；甚至遠在石器時代，在同樣的採食、敲擊功能下，東亞與歐西石器的製作形式卽有所不同❸。對文字是否影響科技發展這老課題，他們認爲表意文字（中文）與表音文字的差異對科技發展的影響，可能沒有一般急於改革文字者所想的那麼大，因爲中美的馬雅文明沒有文字，却有不錯的天文學❹。

那麼我們研究中國科學史目的何在呢？他們認爲中國接觸西方科學百餘年來，一直無法振拔，其中的阻礙可能就在中國的認知模式上，我們把它擰出來，從不自覺的困惑到自覺的接受事

❷ 同上。
❸ 同上。
❹ 同上。

實，去其阻礙，在全盤西化的普遍化下迎頭趕上，以謀生存。不要認爲全盤西化有什麼不好，因爲我們正可以像學歐美的棒球後，也可打敗歐美一樣。如果有人問人種是有所不同的，普遍西化下我們民族的殊異性怎麼辦？他們的回答則可能是生存第一，我們必須普遍西化，至於殊異性就讓它在普遍化的過程中自然呈現吧！

這一套看法眞可謂立論嚴謹，見解深刻，許多地方我也是讚賞同意的，但也有幾點不同的看法。

首先，照剛才他們對科學的看法，中國幾乎是沒有科學的，但這定義就像 Science 這個字一樣，完全是西方來的，而中文的「科學」如果定義爲「對各種自然秩序的瞭解、把握與創造」，則中國人處理自然的秩序也是有其一套看法的，只是沒有明晰的數學把握就是了。但現代中國人對自己的認知模式已很不了解了，自己都不瞭解自己，就侈談中西交融，除了情感的滿足外是沒有大作用的。所以我極贊成對中國認知模式的探索，但探索不只是在找尋發展科學的阻礙，說不定可以提供後現代科學發展的另一模式呢！因爲不同的形式可能有相同的功能。但這一切都必須在歷史的脈絡中去爬梳整理並加以「創造性的轉化」。也就是殊異性不是自然呈現的，要努力才可能有所呈現，「人能弘道，非道弘人」啊！

對普遍性我還想再說幾句話，孔恩（T. Kuhn）曾說過意思如下的話，自然科學是強納自然於人爲的框架，要自然來適應人[5]，我認爲這種通性抽取的普遍性是一種短視而自以爲是的普遍性，固然短時間內會極有效，但自然遭破壞的回饋是會及於人類本身的，西方以鄰爲谷的科學發展與生態政策，如不視全球爲一整體，遲早是會反饋回去的。

在認知模式的歷史爬梳中，我有一初步的探討，就是中國的科學無寧可稱爲「類學」，易・繫辭傳「方以類聚，物以群分，引而申之，觸類而長之，天下之能事畢矣。以通神明之德，以類萬物之情。」同人卦象傳：「君子以類族辨物」，中國的科學相當大地是從「別同異」出發的，而別同異的原則是「貞定其異，感應其同」，即貞定各層面的獨立性，又掌握其關連性。怎麼貞定呢？人與鳥在同爲動物一點上是相同的，兩朶花與兩隻羊在同爲「二」之上是相同的，頭與脚在同爲身體的一部份是相同的。萬物各依其同異程度而有各種方式的深淺感應⑥。換句話說，中國之「和諧自然」是一異質的和諧，「孤陰不生，獨陽不長」，有差異才有生機，且保住了差異性，才能成就普遍性。所以中國科學大都是從「同類相動，異類相感」中去探討「萬物陰陽，各有綱紀」（計倪子）的綱紀這關聯網絡的。中國的醫藥學是這樣有機關聯的系統，煉丹術也有分類的思想，如何丙郁與李約瑟即會合著過「中古時代初期中國鍊金術之類理論」（*Theories of Categories in Early Mediaeval Chinese Alchemy*)⑦，而中國磁學在中古時期之領先西方

---

⑤ 見T.S. Kuhn: *The Structure of Scientific Revolution*, 2nded. p.24.

⑥ 對別同異，墨經中有很多條目。

⑦ 載於 Journ. Warburg *Courtauld Institutes*, 1959,22,173.

也是靠「性相感動」的超距作用思想。希臘人很早就知道小亞細亞的 Magnesia 地方（英文磁一字 Magnetism 即由此來）的石頭會吸鐵片，但如 Thales 和 Anaxagoras 都相信天然磁石有靈魂存在其間，因此與 Anaxagoras 同時（約公元前四六〇年）的 Diogens 即主張鐵中具有的濕氣乃是乾燥的「磁」所極需覓食的對象。而這種「磁」食鐵爲生的觀念歷久不衰，到了十六世紀的 John Baptista Porta 還想以實驗證實這種說法。而在中國「磁石」古稱「慈石」❾，磁石的吸鐵猶如慈母愛兒，而母子之間是一種感應關係，因此中國人會想到用磁針與自然感應，指示方向。而張衡所以會想到用候風地動儀來測地震，也是「銅山西崩，洛鐘東應」的感應思想使然，其他共鳴現象與潮汐成因的解釋莫不如此。

但對中國類學與認知模式的探討都仍在初步的階段，將來如何，實難逆料，但無論正反，都有待大家努力。最後我想對「全盤西化救中國」論者說幾句話。他們認爲讓殊異性在普遍化的過程中去自然呈現。我却認爲正好相反，在差異的把握中去求普遍化吧！淮南子說山訓：「同不可相治，必待異而後成」，呂氏春秋處云：「異所以安同也，同所以危異也」，人類文化是在同異的辯證中發展的啊！

「科學史通訊」第三期，民國七十三年十二月

❽ 見「磁學理論的演進史（上）」D.C. Mattis著，張懋中譯，科學月刊四卷三期p.49.

❾ 如「淮南子」之「覽冥訓」即言：「慈石之引鐵」。

哈雷彗星造訪之際談七曜、三垣、二十八宿

「二十八宿爲日月舍，猶地有郵亭爲長吏廨矣」（王充・論衡・談天篇）

自從西方天文學東漸中國，一般大衆聽到的都是西方的星座名和星名，諸如大熊座、獵戶座、金牛座等等。中國傳統的天空分佈圖，除了織女、牛郎還引起一些趣味外，似乎都退隱了。問題是天空中星座的歸類往往反映一國的形上理念和倫理要求，如是的退隱不由令人有幾分擔心，本文就是想一探其實況與意義。

中國的星象大概可以七曜、三垣、廿八宿來表示。所謂七曜指的是日（太陽）、月（太陰）和金、木、水、火、土五大行星。日月是白天、夜晚的兩大光源，自古作爲陽陰、剛柔的兩大代表。五星中，水星又名辰星，與太陽幾乎一同起沒；金星又名太白，以其色白之故；火星又名熒惑，色紅而閃爍；土星又名塡星；木星則名歲星，這是因爲它約十二年繞日一周，每年所行大球度數約爲天球的十二分之一，合乎十二這一數字。而以十二生肖、十二地支的輪替來計年，在中

國已有數千年的歷史了，如今年卽爲虎寅年。

三垣則指拱衛北極附近的三個星區，分爲紫微垣、太微垣和天市垣。紫微垣直接屛藩北極，星名有左樞、上宰、少宰、上弼、少弼、上衛、少衛、少丞等。太微垣星名有上相、次相、上將、次將等。天市垣有星宋、南海、燕、吳越、韓、楚、河間、河中等。整個是公侯將相、諸侯藩鎭輔弼天子的圖象。而中國地在北半球，所以一切有如孔子所說的「譬如北辰，居其所而衆星拱之」。

廿八宿爲赤道附近的星宿，分爲角、亢、氐、房、心、尾、箕、斗、牛、女、虛、危、室、壁、奎、婁、胃、昴、畢、觜、參、井、鬼、柳、星、張、翼、軫，每宿各有一明亮的「距度星」以供識別。這廿八宿又分爲四宮，或叫四象，卽蒼龍、朱鳥、白虎、玄武（象龜），以定四時（春、夏、秋、冬）。而爲什麼分爲廿八宿或廿八舍，是爲觀察日月之行度而設，因爲月行天一周（卽繞地球一周）約爲廿八日，所以月平均每日約行一宿之程，猶如投宿一般。王充「論衡」談天篇卽有謂：「二十八宿爲日月舍，猶地有郵亭爲長吏廨矣。」這裡郵亭是出外公幹的官吏投宿之處，如漢高祖劉邦微時卽曾爲泗上亭長。

古時文士每提及日月天象，都少不了以廿八宿來做比喻，如蘇東坡「赤壁賦」有「月出於東山之上，徘徊於斗牛之間」，常用的也有「氣沖牛斗」「人生不相見，譬如參與商」等。參星和商星無法同時出現在夜空中的，因爲地球繞日公轉，四時夜空中的星象有所不同。

這種以「宿度步日月躔離」，在古代對於定曆測候有很大的好處，如「詩經」小雅有「月離（接近而麗照）於畢，俾滂沱矣！（卽下大雨）」；「書經」洪範篇也有「庶民惟星，星有好風，星有好雨。日月之行則有冬夏，月之從星則有風雨。」，卽以月行到何宿，會兆何等的氣候。

不過現今廿八宿的位置有的偏離赤道很遠，這是因爲地球自轉軸每年會偏離五十秒弧（一周爲三百六十度。註：這是按西方的天球度數，中國的一周天爲三百六十五又四分之一度，以使太陽每天所行恰爲一度，一年正好一周；而一度爲六十分，一分爲六十秒），因此以地球自轉南北極投射所成的天球座標隨之一同偏離的緣故。有些學者，如宋君榮（A. Gaubil）及日本的新城新藏，就根據目前的位置，推算出公元前兩千多年廿八宿的大部分星宿都在赤道附近，因而推斷中國天文學的起源也早到那個時候。

姑不論起源何時，中國天文學最主要的特色還是天上與人間的大對應。紫微、太微兩垣拱衛北極的出將入相固不必論，天市垣也對應著中國的一些地區。而廿八宿更是「以分野辨州國禨祥」的，州國分野如：角亢鄭，氐房心宋，尾箕燕，斗牛越，虛危齊……等等。而當五大行星行到該星宿時，卽可代表該地區的禍福興衰，這就牽入五行禍福的觀念了。

一般而言，五星所在的占驗是如此的：木星因爲木，象春，意謂旺盛的生命力，自然「歲星所居，五穀蕃昌」、「不可討伐」了。而火使人夜間得以明視，明察善惡，因此火星所至，如有所禮虧德失，定必遭罰。金爲兵器，主殺，因此太白所至，即可能有兵燹戰禍。水能生物，象法紀之佈，辰星如有異常，則代表自然與人事都會失調。至於土，爲一切萬物所棲息，因此土星所至，代表吉祥。此外五星兩三的會合也是分占禍福的，情況複雜，這裡就不多言了。

當然古人也瞭解「天行有常，不爲堯存，不爲桀亡」，行星什麼時候行到那裡是有一定的，因此固然「天垂象，見吉凶」，也是「應之以治則吉，應之以亂則凶」，只要進德修業，人的努力是可以趨吉避凶的，何況整個的五星占驗反映的是對宇宙人生的和諧期望呢！

不過這種天上人間的大對應有些是沒什麼道理的，如天上的星宿只對應中國的某些地區，那世界其他地區又怎麼辦呢？即使在古代，以天象來警誡帝王，效果常常也未必昭彰，但「天視自我民視，天聽自我民聽」，一切仍然取決於人的努力，只是對宇宙自然抱有相當的敬謹之心就是了。而這種「天人合一」，也代表中國人注重感應、和諧的態度，不只在文化生活上，也表現在科學模式上，中國指南針、共鳴利用、瞭解潮汐等等的獨步千古，不是偶然的。對自家的這種自然觀，我們中國人實在應該好好研討，切實分析。

「國文天地」月刊十二期，民國七十五年五月號

中國的時間和空間

「管子曰宙合，謂宙合宇也，灼然宙輪於宇，則宇中有宙，宙中有宇，春夏秋冬之旋輪卽列於五方之旁羅盤」（明・方以智『物理小識』卷二「藏智於物」條）

時間、空間是一切自然現象呈現的所在，因此一個民族對時間、空間的看法應該會影響到他們對自然、世界的整個觀點，也會影響文化，甚至科學的趨向。

古代中國的時空觀大致有三個特色：重視時空的綜合呈現；強調時空的相互依存性；描述時空中呈現的現象時採取時空交錯的方式。

先從中國人的時空綜合呈現，如我們常講「存在」，「存」是時間的表象，「在」是空間的表象，「存在」遂是時空的綜合並舉；「宇宙」「世界」兩語辭也一樣，因爲上下四方謂之宇，古往今來謂之宙，「世」表時間，「界」表空間。而「存在」「宇宙」「世界」固然是想呈現時空流變下的自然與人事，但至少表面上還是並舉，「依存」的意義並不大。

不過易經六劃卦的六爻（如䷾，䷋等）的命名上，時空的交糅呈現就較有一點意思了，因爲這表示時空位（空間）序（時間）的綜合呈現才足以表卦象。六爻由下而上，稱名爲初、二、三、四、五、上爻，本來最下爻命名爲初爻，則相對應的上爻當稱「終」，又如最上一爻稱上爻，則初爻當稱「下」，今既不以「初終」，又不以「上下」這種相對應的名稱命之，而一稱「初」，一稱「上」；蓋「初」言始，指時間，「上」言位，指空間。既然六爻變化象徵萬物在現象界中生滅的一段過程，爲時空的綜合呈現，故上下兩爻以時空義界定之。而言「初」不言「終」，可說乃時間流轉，無有終極；言「上」不言「下」，乃言空間圓道，無固定之位，因爲所以有上下之位，乃因重力的方向所造成，如自太空觀地球，美國那邊的人豈不頭下腳上，而這種觀點正是地圓說初起時，不少人類的疑懼。

但易經的六爻位序，在時空的依存性上還不够明確，篇首所引方以智的話就更具體深入，其最後一句頗有地上的年月日只是地球在太陽系空間的量度意味，我們的一天是地球自轉一周，古人以日出日落來算也不過是座標原點不同；我們的一年是地球繞日一周，古人以日繞黃道一周爲一年只是座標轉換，意義一樣。更重要的是這明示了沒有時間之外的空間，也沒有空間之外的時間，時空的依存性就不言可喻了。

其次再談描述現象時的時空交錯。沈括『夢溪筆談』：「王維畫物，多不問四時，如畫花往往以桃杏芙蓉蓮花同畫一景。」釋惠洪『冷齋夜話』也說：「王維作畫雪中芭蕉，法眼觀之，知其神情寄寓于物，俗論則譏以爲不知寒暑。」，不管是四時百花並呈，還是熱帶植物芭蕉出現冰天雪地，多是時空的交錯，目的是在造理入神，廻得天意，如大而軟有彈性的蕉葉承載飄雪的動作美，嫩綠蕉葉舖以白雪的色感調和，加上芭蕉的粗幹大葉適合水墨表現，那時空交錯一番，適成大雅。其實中國人喜畫「四君子」，本來春蘭、秋菊、冬梅各有其不同的成長時間與空間，但爲了象徵淸風亮節，又何妨時空交錯呢？何況淸風亮節本來就是超越時空的啊！

也不僅讀書士人如此，明代民間的版畫爲了重視、選擇具有戲劇性的情節，也是不受時空限制的，在一幅不大的圖版上可以表現不同空間與不同時間的整個過程，但這不是創造幻覺，因爲它交代淸楚，使觀者一目瞭然，因此訴諸的是理解，想像的眞實、理性的表達生命是中國藝術一貫的精神，生命總比機械的時空重要吧！蘇東坡赤壁賦的「自其變者而觀之，則天地不過以一瞬，自其不變者而觀之，則物與我皆無盡也。」莊子的「天下莫大於秋毫之末，而大山爲小；莫壽乎殤子，而彭祖爲夭。」莫不重視生命的充實遠勝過機械的時空。中國傳統科學上的喜談「感應」，如對於磁石、共鳴、潮汐……等的詮釋，以及中醫生理，病理的解說，也是溝通的意義遠大於機械時空的描述的。

希臘人的歐氏幾何局限在有限的時空，座標幾何的出現反映文藝復興時代的歐洲已從「封閉世界進入無限宇宙」（這是一本科學史名著的書名），因爲X座標、Y座標都可向無限延伸，牛頓承接下來，他的物理學，時空明確獨立但並舉，整個是機械式的，到愛因斯坦始著重時空的連續與交錯。西方的這個演變經歷了不少對「空」「物質」「無限」「空間」……的抽象思辨，不少西人也以此短視中國的文化與科學，認爲中國人以爲這些觀念是不實在的，無濟於對眞實世界的實在性的思索，在處理這一世界的道德、社會問題時也毫無用處。觀乎以上所引所析，中國人眞的不談這個，眞的以爲這些對眞實世界無益嗎？大謬不然，中國人只是具象但抽離式（Concrete Abstraction） 地呈現出來，描述自然，描述生命何必一定是西方式的抽象思辨呢？朱子的大學格物補傳不早就說過：「於理有未窮，故其知有不盡也」嗎？

這就是對自然不同的「取象」方式，形成了不同的文化系統與科學系統使然。明乎此，我們也不必以某些前面的引例附會牛頓物理，甚至相對論，因爲旨趣迥異。但話說回來，系統間的溝通仍是可能的，因爲概念與命題有其發生的系統脈絡，但其意義往往可不局限於原生的脈絡，而有相當的普遍性；換句話說，許多的「實然」往往是某一系統中的「應然」，但某些「應然」是可以成爲相當普遍性的「實然」的，天下沒有唯一的眞理，但不是沒有相當普遍性的眞理，何況大家都是人類，大家都居住在同一的地球上啊！

「國文天地」月刊七期，民國七十四年十二月號

「時」、「空」的交錯

——與民俗相關的中國人時空觀

照文化有大傳統、小傳統的分法，民俗應該屬於小傳統的一部份，但大傳統與小傳統是相互溝通的，大傳統的理念可以沈澱在小傳統的民俗中，小傳統中湧現的感懷又可提供大傳統變革的參考，何況中國講究的是「春風化世」，其間的溝通更是顯著，如原爲士大夫生活的詩詞聯對、思想畫藝，在元明以後，幾乎與民間生活已息息不可分了。所以這篇談「時空觀」的短文也有部分著墨在這種溝通上。

時間、空間是一切自然現象呈現的所在，因此一個民族對時間、空間的看法是會影響到他們對自然、世界的整個觀點。玆先引美學大師宗白華先生的一段名言展開討論：「中國人的宇宙概念本與廬舍有關。『宇』是屋宇，『宙』是由宇中出入往來。中國古代農人的農舍就是他的世界。他們從屋宇得到空間觀念。從『日出而作，日入而息』（擊壤歌）得到時間觀念。空間時間合成他的宇宙而安頓著他的生活。他的生活是從容的，是有節奏的。對於他空間與時間是不能分割的。春夏秋冬配合著東南西北。這個意識表現在秦漢的哲學思想裏。時間的節奏（一歲十二月二十四節）率領著空間方位（東南西北等）以構成我們的宇宙。所以我們的空間感覺隨著我們的時間感覺而節奏化了！音樂化了！畫家在畫面所欲表現的不只是一個建築意味的空間『宇』，而須同時具有音樂意味的時間節奏『宙』。」換言之，這是一個充滿音樂情趣的宇宙時空合一體。

其實何只「上下四方謂之宇，古往今來謂之宙」的宇宙是時空合一的，平常我們所談的「存在」，「存」是時間的表象，「在」是空間的表象；「世界」，「世」指時間，「界」指空間。如是種種，都意味著時空的綜合呈現，強調時空的相互依存性，甚至描述時空中呈現的現象時採取時空交錯的方式。

元明以後，戲曲小說等平民文藝大興，以明中葉後的「木刻版畫」而言，原只是戲曲、小說的挿圖，後成爲商品流傳。和戲曲一樣，爲了吸引注意，版畫往往選擇具有戲劇性的情節來刻畫，不受機械時空的限制。版畫在小小的範圍內可以表現不同空間與不同時間的整個過程，但這不是創造幻覺，因爲它交代淸楚，使觀者一目了然，因此訴諸的是理解與想像的眞實。版畫構圖特點之一便是畫面不受任何觀點所束縛（西方的透視學畫法則不然），也不受時間在畫面上的限制。譬如王伯敏在「中國版畫史」一書中討論「火燒翠雲樓」這幅版畫，便說此圖既不受空間局限，又有時間綿延。其內容包括時遷在翠雲樓英勇的放火；留守司前及大街小巷，梁山好漢與官府的人執戈相向；王太守被劉唐、楊雄的兩根水火棍打得腦漿迸流；敵將李成擁著梁中書，到處竄逃，走投無路諸種情事。換言之，元宵之夜大名城內的經歷，在有限的方寸之地，刻畫者以其高度技法，有條不紊的處處交代明白，使人一目了然。這正是由於在構圖上能創造性地組織了不受空間、時間局限的畫面，才收到了既簡潔又豐富的表現效果。

其實這正反映著中國藝術的一貫精神－理性的表達生命，不拘限於機械的時空，遠自莊子的「天下莫大於秋毫之末，而大山為小；莫壽乎殤子，而彭祖為夭。」就已有所濫觴。而原為文人專長，後成為民間生活一部分的字畫也是講求時空交錯的。沈括「夢溪筆談」有言「王維畫物，多不問四時，如畫花往往以桃杏芙蓉蓮花同畫一景。」；釋惠洪「冷齋夜話」也說：「王維作畫雪中芭蕉，法眼觀之，知其神情寄寓于物，俗論則譏以為不知寒暑。」不管是四時百花並呈，還是熱帶植物芭蕉出現冰天雪地，多是時空的交錯，目的是在造理入神，迥得天意。如軟大且有彈性的蕉葉承載飄雪的動作美，嫩綠蕉葉鋪以白雪的色感調和，加上芭蕉的粗幹大葉適合水墨表現，此時空交錯一景，雅適之至。中國人也喜畫「四君子」，本來春蘭、秋菊、冬梅各有其不同的成長時間與空間，但為了象徵清風亮節，又何妨時空交錯呢？何況清風亮節本來就是超越時空的啊！

易經的卦爻後來也成為了民間卜筮、風水的一部分，而六劃卦的六爻（如䷶，䷋等）也呈時空交揉。因為本來時空位（空間）序（時間）的綜合呈現才足以表卦象。六爻由下而上，稱名為初、二、三、四、五、上爻，本來最下爻命名為初爻，則相對應以上爻當稱「終」，又如最上一爻稱「上爻」，則初爻當稱「下」，今既不以「初終」，又不以「上下」這種相對應的名稱命之，而一稱「初」，一稱「上」，蓋「初」言始，指時間；「上」言位，指空間。既然六爻變化象徵萬物在現象界生滅的一段過程，為時空的綜合呈現，故上下兩爻以時空義界定之。而言「初」不言「終」，可說乃時間流轉，無有終極；言「上」不言「下」，乃言空間圓道，無固定之位，而易經的「無往不復，天地際也」正是中國人活活潑潑的時空意識來源，於有限中見到無限，又於無限中回歸有限，「天地人」三才中，人是出發點，也是終點。

所謂「身所盤桓，目所綢繆，以形寫形，以色貌色」，中國人的時空意識是生活中、生命中的時空意識。生命與生活是寫實的，但不是機械的，帶有理解與想像的成分，也就是說有某種程度的「抽離」，無以名之，就姑且叫做「具象抽離」(Concrete Abstraction) 好了。

從民俗中，以及從民俗與大傳統的溝通中，發掘中國人的時空意識，絕對有豐富的資料寶藏。尤其自明代中葉，「平民文化」形成之後，這篇短文所提及的不過是冰山的露頭，有志研究中國民俗的人士，盍與乎來！

「民俗曲藝」三十八期，民國七十四年十一月號
「新加坡亞洲文化」第六期，一九八五年十月
台大物理系刊「時空」二十四期，民國七十五年一月

附：時間觀、創世論與演化論

前幾個月，我閱讀並翻譯了李約瑟在香港中文大學演講之一的「中西時間觀與變化觀的比較」(Attitudes toward Time and Change as Compared with Europe)，文中李氏提到希臘文明的時間觀是循環的(Cyclical)，希臘人認爲「每一門藝術與科學有許多次曾完全發展過，然後再死亡，時間會再回到起點，而所有的事物都會回到起始時的狀態。」❶，而此「循環的再現阻礙了自然所有的眞正奇妙，因爲將來是決定且閉合的，現在不是唯一的，所有的時間必然是過去的時間。」❷，希臘學者無法想像時間是可以從任意零點，伸展到無限的座標，(這正如同空間的抽象座標，同爲一個可用數學處理的幾何因次)而將時間如是座標化正是伽利略能做和所

❶ 見李氏所著「傳統中國的科學」(*Science in Traditional China*) 書一一四頁。(中西時間觀的比較即在該書中，該書也卽爲李氏在香港中文大學的演講集。

❷ 同註❶。

做的。」❸「在希臘的精神裏，空間前導了時間」❹，「因此時間世界就不及無時間感的不朽世界那麼眞實」❺，這「部份導致了希臘人之迷於無時間感之演繹幾何學形式，以及柏拉圖概念論的形成。」❻。

至於基督敎文明，則「時間前導了空間，運動是被引導和有意義的」❼，「上帝是時間和發生在時間中的一切的控制者」❽，「救世是爲了存在並穿透歷史的群體」❾，「這樣的顯示就是一連續的（Continues），綫性的（linear），在時間中不斷的救贖過程與計劃。」❿，「世界的進程，總而言之，不過是在單一舞台上所扮演的一幕聖劇而已，是不會重演一遍的」⓫，「在這樣的世界觀下，不斷再現的每一個現在永遠是唯一的，不可重覆的，決定性的，有一個開放的將來等著他，將且能受到個人行動的影響。」⓬。

❸ 註❶同書一〇八頁。
❹ 註❶同書一二五頁。
❺ 同註❹。
❻ 同註❶。
❼ 同註❹。
❽ 同註❶一二六頁。
❾ 同註❹。
❿ 同註❶一二三頁。
⓫ 同註❿。
⓬ 同註❿。

李氏並認爲把持人文與器物是可改革進步的觀念，是使科學進步的重要心理過程，而綫性發展的時間觀可成爲幫助這種過程的心理因素之一[13]；因爲綫性發展的時間觀認爲「完美不再只存在於過去」[14]，並且這樣之下，「時間不被打發爲虛幻，不在與超越、不朽比較下貶值，成爲自然知識的根基，不管這知識是因涉及大自然的一致性，而爲不同時代的觀察而得知；還是因爲必需涉及時間的推移，而要盡可能正確地做實驗加以量度。」[15]。

因此李約瑟認爲文藝復興時近代科學與工藝興起的因子中，希臘的數理精神與基督教綫性時間觀的結合扮演了重要角色。他並指出柏利（J.B. Bury）在一九二〇年所著「進步的理念（*The Idea of Progress*）」中的研究，柏氏「證明在法蘭西斯・培根（一五六一～一六二六）之前，西方學者的文獻中很少能找到進步理念的端倪。這個理念的誕生出現在十六世紀，十七世紀時，關於『現代的』與『古代的』的著名爭論之中。」[16]。

後來我又部份閱讀了柯林吾（R.G. Collingwood）所著「自然的理念」（*The Idea of Nature*），柯氏也認爲希臘的時間觀是循環的[17]，他並且把自然觀的演變分爲三期，卽希臘時

---

[13] 註[1]同書一二七頁。
[14] 同註[13]一二七～一二八頁。
[15] 同註[8]。
[16] 註[1]同書一一六～一一七頁。
[17] 柯氏所著「自然的理念」一書十三頁。

期，文藝復興時期（十六～十八世紀），和現代時期。在文藝復興時期，他也強調了基督教理念的影響，「文藝復興時期的自然觀是把自然類比於一個機器，而這機器是無所不在，無所不能的上帝的創造」⑱，上帝與大自然的關係就好像鐘錶製造者與鐘錶的關係⑲；換句話說，大自然與人都是上帝偉大計劃的一部分，上帝是時間和時間中一切的控制者，這與李約瑟相像，卽柯氏也意味了基督教的時間觀是上帝創造下的綫性發展。

不過柯氏認爲十九世紀以降的現代自然觀，是把大自然的過程類比於人類歷史的過程，換句話說，是演化性的（evolution）⑳，他也提到了柏利的「進步的理念」㉑，並且大自然不再是機械性的了，每一段時間都會有新事物的湧現，正如同歷史的不再重現一樣，大自然也不再重現，而是進展的㉒。在此，柯氏把十六世紀後的自然觀分成了兩期，前一期是上帝的機械創造，而機械造好後沒有新功能的獲得，只有舊功能的延續㉓，留待人去發現它，換句話說，是只有延續，而沒有變化的，要等到了演化的、歷史的觀念出現，才是眞正的現代自然觀。

⑱ 註⑰同書八頁。
⑲ 註⑰同書九頁。
⑳ 同註⑲。
㉑ 註⑰同書十頁。
㉒ 註⑰同書十四頁。
㉓ 註⑰同書十五頁。

至此，我就有了一個疑問，演化觀念的產生與基督教的時間觀有沒有關係？綫性發展的觀念是機械性的呢？還是演化性的呢？在自然科學史上，我們知道認爲大自然的生物只有延續，而沒有變化的創世觀，與講求發展變異的演化觀，有過波瀾壯濶的極大衝突。這種衝突是子勝父的典範變遷衝突，或如李約瑟常講的「意理胚種」(ideational germs)的成長，還是基督教的時間觀對之影響不大？並且這在自然科學的發展史上，其眞確的脈絡究是如何的呢？我還想不出妥當的談法，盼望有識之士有以教我，一開茅塞，也希望我在多讀書後，能夠「自摸」，那就更不錯了。

「科學史通訊」第二期，民國七十二年五月

羅盤的濫觴──司南杓

王充「論衡・偶會篇」：「同類通氣，性相感動」

磁石的吸鐵現象我國很早就發現了，如「淮南子・覽冥訓」即有「慈石之引鐵」的說法。傳說秦始皇亦曾用磁石造宮門，以防帶鐵兵器者私入。至於運用磁石與地磁的關係來指南北向也很早，但那時大抵是用來占卜，「史記」中有這樣的話：「今夫卜者必法天地，象四時，順於仁義，分策定卦，旋式正棊，然後言天地之利害，事之成敗。」這裡「式」指占卜盤，「棊」可能指其中方形的地盤。後漢王充「論衡」中的記載較爲具體：「司南之杓，投之於地，其柢指南。」，近人王振鐸根據各項資料，已將占卜之司南杓復原製出。「杓」是一個雕刻成湯匙形狀的磁石，之所以雕刻成湯匙狀，是模仿大熊星座（北斗七星），這可能是因爲大熊星座有指北極的作用。文中的「地」指占卜盤的地盤，占卜盤下面一塊爲方形的地盤，上面一塊爲圓形的天盤（天圓地方是我國很古老的觀念），上面刻有二十四方位；占卜盤可用木製，也可用青銅製，因此對磁杓的指向性沒有干擾（如果是鐵，就有干擾）；而「投之於地」係指「使在地盤上旋轉」，因爲地盤很光滑，靜止下來時，杓柢會指南。

至於古人是如何去解釋磁石吸鐵，乃至司南之杓的作用呢？「論衡」中又說了：「頓牟掇介，磁石引針，皆以其眞是，不假他類；他類肖似，不能掇取者，何也？氣性異殊，不能相感動也。」「同類通氣，性相感動」（這裡「頓牟掇介」指的是琥珀被摩擦後吸引小物屑的靜電現象），換句話說，是用「同類相動，異類相感」（見董仲舒春秋繁露）來解說吸引現象的。這種同類感動的思想在我國肇始很早，也是先賢用來解釋自然現象的主要理論之一，如易繫辭就有「感而遂通天下之故」（由感應可說明天下萬物互動的原因）一說。其他我國古代用「感應」來解說制作的自然事物有「潮汐的受日月牽引」、「共鳴」、「銅山西崩，洛鐘東應」與東漢張衡的「候風地動儀」……。但這與西方十六世紀後的「超距作用」（Action At A Distance，如萬有引力）是很不同意味的。

占卜用的「指南杓」後來變成「指南針」「羅盤」，成爲我國享譽世界的四大發明之一。西方的古代希臘人在小亞細亞（今土耳其）的 Magnesia 地方也發現了磁鐵礦吸鐵現象，（現代英文「磁」之一字：「Magnetism」即由此而來）但希臘人卻認爲鐵中具有溼氣乃是乾燥的「磁」所急需覓食的對象，這種「磁」食鐵爲生的觀念歷久不衰，到了十六世紀的 John Baptista Porta 還想以實驗來檢證這種說法。西方人之學會使用羅盤大約在十三世紀。

同一種自然現象，但我們人類「取象」方式不同，處理精神不同，所形成的科學與技術的模式也就大不相同，「指南杓」在漢以後的發展，只不過是中西科學認知模式不同的一例而已。

「國文天地」月刊二期，民國七十四年七月

指南魚與烤肉

「置頭尾稍尖之魚狀鐵葉於炭火中，燒至通紅，鐵鉗夾出，尾朝子位（北方）冷卻，於無風之處，平放魚浮於水面，魚首向午（南方）」（曾公亮、「武經總要」前集卷十五）

這一段是談指南魚或浮羅盤。「武經總要」是十一世紀宋代的書，這表示至遲到宋代，中國的工藝家已會利用今天物理學中的「熱殘磁」效應（thermoremanence）。所謂「熱殘磁」效應是說：當一塊鐵燒至攝氏六百至七百度（這是鐵的居禮點）以上，然後迅速冷卻，這鐵（特別是鋼）便磁化了。當然這磁性很弱，但如魚狀鐵葉稍微凹下，使頭像船一樣浮起，指南魚輕，而水的浮力大與阻力小，在無風處是可以指南的。當然磁性如此弱的指南魚必須平時置於舖有磁石的小盒中保存，以免磁性消失；事實上以磁石摩擦而磁化的磁針，爲保存其磁性，不用時也是如此處理的，這叫「養針」。

其實許多黏土，熔岩和水成岩中均含有少量的氧化鐵，這些鐵分子如燒過了居禮點又迅速冷卻，都會有熱殘磁效應，也就是說都會隨當時地磁的方向而定向，除非再度加熱。而由磁偏角的隨時代變動，我們已知道地磁的南北極在不同時代有不同位置，今天的地球物理學家，一方面有靈敏的測弱磁儀器，一方面運用這些儀器測已知年代地層中的磁極方向，已畫出了十幾萬年來的地球磁極漂移圖，因此如發現古代人遺留的灶或磚瓦窯的殘跡，便可對照地球磁極漂移圖，可大約測出這灶多少年前被使用過，誤差大約爲三百年，這便是所謂的「考古磁學」(Paleomagnetism)，且還可以配合其他的考古方法，來鑑定遺跡的正確年代。

當然這個方法的前提是這塊土地沒有變動過位置，但如果眞的水崩陸沉，滄海桑田，這些遺跡就不可能留存到今天了。另外地球科學家有所謂「大陸漂移說」，即現在的七大洲以前是一塊大陸，後來分裂而漂移到現在的位置，這一來考古磁學不是不能用了嗎？其實不然，大陸漂移是歷經億萬年才完成的，而人類出現在地球上不過才數百萬年，人類學會用火更只有約十萬年的歷史，在短短的十萬年內地殼並沒有什麼大的變化，因此除非初民們的遺跡被毀被盜，大致我們可以假設它們是在固定的位置。何況還可以配合別的考古方法呢。

所以如果青年朋友們到郊外烤肉，不用新式的烤爐，而用黏土砌的灶，而這黏土又含有鐵分子，你又燒到了鐵的居禮點，攝氏七百度，那你說不定就留下了一些「磁絲土跡」讓千百年後的考古家來偵探、偵探喔！

「國文天地」月刊三期，民國七十四年八月

磁偏角與羅盤

「方家以磁石磨針鋒，則能指南，然常微偏東，不全南也。」（宋・沈括「夢溪筆談」）

漢代發現指南杓的指向性後，因爲磁杓粗鈍和有摩擦阻力，並不是很好的指向儀器，很快中國人便想到將磁石嵌入木塊，使之懸浮，或平衡於支柱的尖針上，這木塊或雕成魚形，或雕成龜形，然後用魚口含的針或龜尾來指示方向，這個方法一直到十二世紀，還有人使用，「事林廣記」卷十中便有詳細的記載。

但塊狀的磁石指向的正確性不够，可能到了第七或第八世紀，便出現了磁針，最明確的記載是「太平御覽」卷九四九出現了「懸針」，用線懸磁針，其靜止時卽可指向，並且發現絞合的麻線會有扭力，影響指向，便改用了中國的特產品——絲來懸磁針，因爲絲是單根的連續性纖維，沒有扭力的煩惱，如夢溪筆談還有這樣的話：「（磁針）水浮多蕩搖，指爪及盌脣上皆可爲之，運轉尤速，但堅滑易墜，不若縷懸爲最善，其法取新纊中獨繭縷，以芥子許蠟綴于針腰，無風處懸之，則針常指南。」。

用磁針指向，讀數的準確度提高了很多，並且也開始用十二地支（如子丑寅卯辰巳午未申酉戌亥，正北爲子，正南爲午）等方法來表示方位，這一來就發現地磁的北極並不是地理的北極，這就是「磁偏角」，最早發現磁偏角的是唐代天文學家一行和尚，「宋史」卷二〇六附載的「一行地理經」有詳細記載，他那時發現磁北極較偏東二度多。磁羅盤發明的重要意義是最早自動指示讀數的盤規，古老的日規是影子動，儀器不動，風向標因風向變幻，很難有準確讀數，渾天儀的窺管可指示天球的度數，但是用手動，而不是自動的；而各方面皆具的就是運用平衡良好磁針的羅盤了。

中國人不但發現了磁偏角，也提出了解釋的理論，十二世紀的寇宗奭在「本草衍義」卷五中說（改爲白話）：「它將指向南，但常偏向羅盤之丙位（南偏東十五度，這是南極，北極是北偏西十五度，但針並非指丙位，而係偏東七度多），此係因丙屬火，而辛（西方）屬金，針是金屬，本應偏西，但火能剋金，拉而偏差，這殊合『物理相感』的道理。」。

並且羅盤與起後，看風水的堪輿師自唐後就分成兩派，江西派依循傳統，福建派就多用羅盤。中國人素喜風水，堪輿羅盤的長期使用，風水師發現磁偏角會隨時代而變，八世紀時叫正針，大約正指南北，九世紀時北方偏東約七度多，叫縫針；到十二世紀，北方偏西約七度多，這叫中針。這三「針」分別是堪輿羅盤的三個同心圓，這三個同心圓的方位標示就有這樣的差異。因爲中國人喜歡按風水來定房屋和街道的方向，從古老城鎮的街道和房屋，也發現了這個情形。

中國人解釋磁偏角的變動理論是：按伏羲卦，陽趨左而陰趨右，南方有隨陽上升的影響，使其偏左，北方有隨陰下降的影響，使其偏右，隨時間變易的陰陽消長就使磁極時東時西了（參見十八世紀范宜賓的「羅經精一解」）。現代的地球物理學則認爲這個變動可能是因爲地表有一些來回移動的地磁擾動中心，可能是流動的鐵族物質。

羅盤在中國很晚才用到航海上，明確的記載是十一世紀末朱彧的「萍州可談」，那時的海船大的可乘數百人，他們的辨向「白天看太陽，晚上看星星，天晦就看指南針」，之所以如此，大概因爲中國的航運大都是內河或沿岸，很少遠涉海洋，羅盤便不需要了。

指南針的傳到西方，也不是經由海路，而係經由中亞陸路，西方人也大多是用它來測繪地圖，西方人的發現磁偏角也必須等到十五世紀的哥倫布。但磁傾角是西方人發現的，因爲他們旋轉支軸的乾羅盤比較容易發現磁針的傾斜。而「鐵甲船」發明後，西方人更發明了不受船身鋼鐵影響的羅盤。

最後要聲明的是：自漢到宋，歷朝都有製作，膾炙人口的「指南車」（最早的信史是「三國志」的「魏書」），並不是磁性的指向，而是用金屬差動齒輪的巧妙設計，無論車輪如何轉向，車上假人的手一直指向南方，臺北南海路的科學館曾請劉天一教授仿宋代的燕肅製作了好幾個大大小小的指南車，而黃帝時還是石器時代，他用指南車就更是附會的傳說了。

「國文天地」月刊四期，民國七十四年九月號

中國的光學材料

「方椎夜光之流離，剖明月之珠胎」（漢・揚雄・羽獵賦）

我國古代用過的光學材料有青銅、水晶、玻璃和琉璃等，茲一一述之。

漢代是銅鏡的黃金時代，至於銅鏡上的反光材料，固然銅鏡本身光亮卽可反射，但還是易生銅銹，漢代冶金家在勤拂拭之餘，想到了如果銅中的錫（青銅是銅與錫的合金）少於百分之三十一，就不脆，如再加入百分之九的鉛，則反光金屬是白色，且可抵抗銹蝕摩擦，不須再鍍錫或鍍銀。此爲淮南萬畢術之一，引自太平御覽卷五十八，第七頁上。

現代化學知道水晶是純粹透明結晶的石英，卽二氧化矽（SiO_2）結晶，因硬度高，熔點高，古代只能以處理玉的方法來處理，明李時珍的本草綱目卷八，五十六頁上認之爲「水精」、「水晶」、「水玉」或「英石」。「水精」之名，是第一本藥典「本草拾遺」（西元七二五年）所用。「水玉」見於漢代的「山海經」，晉時郭璞在其山海經評註謂「水玉」與水晶同。「石英」之名見于五世紀北魏的字典「廣雅」，此諸命名皆以其透明晶潔，爲土石之精英也。水晶的另一個中國名字是「火精」，見三世紀謝承的續漢書，由此命名，可能晚漢時已用透明的水晶作點火透鏡了，事實上西漢的「淮南萬畢術」已記載了一則削冰（凍凝的水）透鏡實驗：「削冰令圜，擧以向日，以艾承其影則火生。」而石晶亦能致火，石又常與火併生，所謂「電光火石」，因之聯想其爲「凍凝的火」可能是很自然的。

事實上半透明或有顏色的水晶比無色透明者爲多，這是因爲其中滲入了雜質。「本草」的作者們提到過紫水晶、黃水晶等等，有種「茶晶」或「墨晶」在宋明時製成平光眼鏡，類似今天的太陽眼鏡，那時聽審官吏常戴，以免犯人得知他們聽訴的反應，大有垂簾聽政的味道。

最早的中國玻璃是周代不透明的珠子，而今發現的秦漢墓中玻璃器物非常多，大抵是窮人用來替代玉器作殉葬用的。那時的玻璃成分，大多是矽酸鉛，有時還含有鋇，現代我們瞭解鉛和鋇可使玻璃的折射率增大而分光率（分開不同色光的能力）減小，又可降低玻璃的熔點，使得容易處理，所以現代的玻璃有時便加入這兩種元素。由漢到唐代，中國的玻璃由「矽酸鉛鋇」類轉變到「矽酸鉛鈉鈣」類，而終成普通的軟玻璃（矽酸鈉鈣），這大概是由於礦石來源的關係。

玻璃多多少少是透明的，中國最古與製玻璃有關的敍述是女媧的傳奇故事：「煉五色石以補蒼天」（五石是丹砂、雄黃、白礬、曾青、慈石。），這故事在列子、淮南子、論衡中都提到過。我們猜測女媧的傳奇必是以製玻璃者「虹」般的手藝聯想而來，因爲玻璃邊緣因反射、干涉的原因，顏色如虹。

有了玻璃，鏡子就不限於銅鏡了，但玻璃是透明的，必須在其一面塗以汞齊才能反光成像，就是將錫溶解在水銀中成合金，如果家中的鏡子破碎了，或鏡面上出現黑烏色的裂紋時，就可以看到鏡後所塗的一層粉紅色汞齊。錫汞齊如脫落，鏡中的反射影像就不够清晰了。

至於不透明的玻璃或釉，稱爲琉璃，古代皇宮有用「琉璃瓦」的。「琉璃」古稱「流離」，如漢代揚雄的羽獵賦有「方椎夜光之流離，剖明月之珠胎」，甘泉賦有「曳紅采之流離，颺翠氣之宛延」，「流離」指光輝的發散，後來由於珍貴，「流離」成了「琉璃」，有了「玉」的偏旁。

「國文天地」月刊九期，民國七十五年二月號

中國的生態思想

忽視自然乎？超越自然乎？

環境公害的問題，與生態保育的觀念，在世界各國已滙成一股相當有力的潮流，在我國也激起了相當的反響。生態學的勃興，代表的是與這幾百年科學探求不同的一種探求方式，不再就事先孤離好（isolated）了的事物分析其單向因果關係，而係把自然萬物視爲一個整體。傳統科學化約主義（reductionism）認爲瞭解自然最好的方法，是將它化分成最小的組成部分，小的部分弄清楚了，整個自然就一覽無遺。整體主義（holism）的假定恰巧相反，以構成整個系統的相互關係作爲瞭解自然的最好方法。生態學把地球視爲一個整體，在生態系中，所有被觀察的事物都與其他任何一件事物相關，每一個「果」也是自然相互依賴網中的「因」，雖然大部分是間接相關的，但一般而論，相互依賴是全面的。且生態學認爲「複雜性」「多樣性」是促成大自然穩定的主要方法，因爲由「複雜性」「多樣性」所形成的制衡作用，才得以維護整個系統的穩定與持續，而整體的生存也確保了部分的生存。我們似乎還可這麼說，生態學是由關連網的分析來建立整體性的考慮的，也正是由分析的犀利建立了整體的圓融。

當然生態學的勃興並不是一個孤立的事件，它是這幾十年來反近代模式科學的運動的一個個例，此外，近來科學史與科學哲學的興起，也是想分別自「歷史的演化」和「內涵的分析」兩方面，來審定一下科學到底應在人類社會中扮演何種角色，然後再談論其價值與地位。其他人文與社會上的反科學運動就更不用說了。

然而無論是生態學，還是科學史哲，關涉到中國時，很快地就引起了對中國人自然觀的探討。不少人返顧了一下中國人傳統的「有機自然觀」，知道了一點與自然和諧的呼籲，和「斧斤以時入山林」的開發態度，便有了「古已有之」的喜悅，卻未能一探堂奧，作更深入的理解。有些人則認爲中國人的宇宙觀是德化的宇宙觀，只能由藝術的昇華和道德精神的提昇中去獲取和諧，因此只呈現在個體心靈或主觀的境界中。人對自然表現的敬意與深情也是主觀的，他超越了自然，因而也忽視了自然。

對這種說法，我認爲要廓淸三件事，第一，中國人的宇宙觀是否全然德化的宇宙觀，如果含有德化的成分，其表現的方式和涵蓋的程度如何；第二，人類知識或智慧建構的主客觀問題；第三，中國人的宇宙觀是否只在求超越自然，而沒有內在於自然的成分，並且超越自然是否就一定忽略自然。

當然如此的廓淸這三點，主要只是「破」的工夫，我想在「破」之前，先舖陳出中國有機自然觀的概貌，做「立」的努力，那「破」就自然而然了。

首先要聲明的，所謂自然觀是人類根據他在自然中生活的體驗，知識的累積，而對自然內部的機制，人與自然的關係的一種看法與觀點，亦卽是他了解自然，解釋世界的基礎。這種看法與觀點是人類建立來解釋世界的典範，自有所判斷與選取。因此任何一種自然觀一開始就有了價值選取的意味，其實人類任何一項基本假設的設定又何嘗不然。

意志的和諧，自然的和諧

那麼中國先賢在仰觀俯察之後，建立的有機自然觀是如何的面貌呢？在內部機制方面，認爲大自然是一個息息相關的整體，萬物都直接間接地關聯成一片網，藉著相互消長與生尅的關係來維繫著整體的平衡與穩定。在複雜的反饋關係下，萬物遂在共同的生活中相互適應，以達成和諧。換句話說，中國人強調整體的關聯性，連陰陽五行這一套自然哲學都是重彼此消長生尅的「關係」，陰陽五行並不是構成萬物的「元素」，而係在流變中，萬物狀態或功能關係的呈現，所以醫經靈樞陰陽繫明篇才會說：「且夫陰陽者，有名而無形（只是狀態或功能，當然有名而無形），故數之可十，離之可百，散之可千，推之可萬。」而朱熹也一再用扇子動則爲陽，靜則爲陰來說明陰陽。

但中國先賢並不只陳述萬物的關聯性，只強調萬事萬物一體而同根，皆爲整體的大道的一部分而已。萬物的活動方式不必是因爲前此的行爲如何，而是由於其在循環不已的宇宙中的地位被賦予了某種內在的特質（天命之謂性），它們可以順著內在的要求進行，去創造發展這種「天命」（率性之謂道）。如果不順其自然，便會失去其在整體中的相關地位，而變成另外的東西而覆亡，所以揚雄在所著「太玄」中會說：「萬物權輿於內，徂落於外。」由於中國人認爲萬物一體而同根，所以，道無貴賤，萬物「苟足於其性，則無小無大」，每一個體每一種屬的獨立性與創造力，只要發展的好，還是被推許，甚至可以鯉魚跳龍門，超越身形所加諸的限制。所以中國的道敎就特別強調萬生萬物只要修行，境界到了，都可以得道成仙，儒家也說創生性的乾道變化是在於「各正性命」，此中所隱含的意思就是：宇宙這大有機體中的分子，有時此佔優勢，有時彼佔優勢，但各分子都以功能自由的精神相互交通，各盡其資材，誰也不比誰價值高，誰也不比誰的價值低。

甚至中國人還認爲有機宇宙的存在，並不是由於至高無上的造物者的諭令，這種宇宙之存在與否無需依賴「立法者」，而只由於意志的和諧。「道」不是一個創造者，萬物皆非被創造的，宇宙本身也不是被創造的，中國人的自然觀裏沒有上帝，宇宙內的每一分子應該都順其本性的內在趨向，於全體的循環中欣然貢獻自己的功能。宇宙的嚴整秩序是來自相互的依賴制衡，並非基於權威。

中國人有機自然觀中對內部機制的認識大致如此，而對人在自然中的角色與地位也來自對內部機制的認識。人與他種生物，在許多方面是一樣的，但人既爲天地人三才之一，先賢對人的地位與創造力量更爲推許的，朱子語錄卷四五有謂「人者，天地之心，沒這人時，天地便沒人管。」，論語也說：「人能弘道，非道弘人。」天地中萬物的化育在於人「贊」的程度如何，道的顯隱也靠人「弘」的程度如何。但人只能「贊」，只能「弘」，人並不是天地之主宰，基本而言，也只是自然的一分子而已。那麼如何去弘，如何去贊呢？可以說是在於「無爲」。伊川有言：「天地無心而成化，聖人有心而無爲」，但這樣的「無爲」並不是純粹的「聽其自然」，反而是要「順其自然」之性去參天功以濟人事，利用自然以厚生。孟子公孫丑篇有一個「揠苗助長」的故事，人所需要的是不要「違反自然」的去「揠苗」，但除草、施肥的「助長」仍是必須的。所以淮南子的修務訓就說：「夫地勢水東流，人必事焉，然後水潦得谷行。禾稼春生，人必加功焉，故五穀得遂長。聽其自流，待其自生，則鯀禹之功不立，而后稷之智不用。」而易經繫辭也一再聲言人必需「近取諸身，遠取諸物」地去「制器尙象」，卽無爲也要因勢利導，這才是眞的順其自然，故郭象注莊子就說：「無爲者，非拱默之謂也。」在這樣的觀念下，很自然會要求人與大自然和諧共存，而不是征服自然，載天役物，而且就是要利用自然以厚生，也是要「斧斤以時入山林，則材木不可勝用也。」甚至前賢唯恐器械的創制干涉自然太過，並且造成人事的過分分工，而破壞了人與自然的和諧，以及人與人的和諧，所以莊子天下篇就有「有機械者，必有機事，有機事者，必有機心。機心存於胸中，則純白不備；純白不備，則神生不定；神生不定者，道之所不載也」的看法。

中國人的自然觀相應於自然界

中國有機自然觀的內涵大致已如上述。因爲中國有機且整體的講求「相關」，籐牽根蔓，很難「抽象」(abstraction) 地用數理加以描述。也就是說，在這種情況下，很難如近代西方一樣地去孤離 (isolation) 變數，確定研究標域，去除一些認爲不相干或相干甚微的因素，以完成對事物因果秩序的探討。這一缺憾大大使中國科技無法近代化，而有今日科技落後的局面。但西方三百年來的發展，一方面固然科技昌明，一方面孤立分析所造成的心態與影響已帶來毀滅的隱憂。生態學的勃興正代表重返整體生命的呼聲，人類如幸而能融合古今，而蛻變出一適合將來的形態或模式，個人相信中國人自然觀的特色對此是有所助益的。

再者，個人認爲人類每一步客觀的認識後，都會有所主觀的嚮往，也就是每一步理性的分析後，一定有價值理念的重整。這在歷史上，於今於古，於中於西，莫不皆然。換句話說，沒有一種智的認識不附帶德的主覺的，如前所述，中國的自然觀自也不例外。因此所謂「德化的宇宙觀」這一名稱是很有問題的，禮記有謂「德者得也」，中國所講的德是道下貫到個體，使個體在探討世界中能有一才性上的自我憑藉，並不只是「存天理，去人欲」這一套德行的講求。並且人類每一步客觀的認識，也是靠主觀的修證得來的，這在自然與在人文中一樣的眞確。沒有古今科學家主觀的執著探討與心智創造，是沒有今天的科技昌明的。何況科學家主觀的對相干資料的選取與假設的立定良否全看其修證的努力呢？只不過無論自然或是人文，思想制度與器物創造後就成了巴柏（K. Popper）所謂客觀化的第三世界中的人造物，留待後人去贊同，否證或修正就是了。

並且無論中外，都是認爲道既內在於自然（immanent），又超越於自然的（transcendental）。所謂內在於自然，就是由自然秩序的探討中可以見道，這就是人類的利用自然以厚生，這是中外皆然的，只是探索自然的進路與觀點有所不同而已。但由道的超越於自然，使我們知道「道」並不等於自然，也不只是自然現象間的秩序（李約瑟論中國自然觀時所犯的錯誤在此），而是透過了知識或德行所獲致的智慧。這智慧每一時代可能各有其面相的呈現，但並不等於每一面相，體其時變而把握之，「法其生不法其死，遺其貌而存其神」地去除歷史的糟粕而含茹英華，應是我們的嚮往，最後謹以「道通天地有無外，思入風雲變化中」來自勉勉人。

「益世雜誌」民國七十三年六月號

由價值與理性合一的生態學談起

——簡談朱子「格物窮理」說的心態意義

從文藝復興時期的那一次科學革命，經牛頓、哈維以到今天，西方科學大抵走的是機械論的路子，戡天役物，征服自然，探索自然這大機器的定律以爲人所役使，而機器只是機器，是冷冰冰的外在自然，客觀而絕對，探索役使時沒有，也不容許有價值的滲入，這也就是所謂的科學是價值中立的說法（value free），所以科學家要求的是「上帝的歸於上帝，凱撒的歸於凱撒」，價值與理性遂分道揚鑣了幾百年。（今天我們認爲固然還是可以各自歸屬，但要切記兩者都是整合人性的問題的面相）然而這種對實證絕對的推崇本身卻就是一種價值觀，並且幾百年來的科學發展，自工業革命以來，事實上也帶動了社會結構，自然面目的大變，大大地涉入了價值的領域，但問題還不在科技滲進了價值，而是這種價值與理性分離的價值觀造成了人類的短視，以爲對大自然可以予取予求，遂造成了生命圈（Biosphere）的危機，戰爭毀滅的陰影，社會結構解體的恐懼。

我個人認爲廿世紀事實科學上的最大進展與覺悟便是生態學的誕生，一方面在生態環境的整體關聯上做事實上的探討，一方面在觀念上精神上有了一躍昇的覺悟，不再把自然視爲冷冰冰的機械，自然是有血有肉的整體性自然，人類怎樣對它，它便會怎樣的反饋人類，鳥獸蟲魚，青山綠水雖然不是地球的霸主，但沒有了它們，人類也不能獨存，因此人類必須與自然相濡相沫，和諧共存，必須要物物各得其所，安頓好了全體的世界秩序，才能安頓好我們人類，即必得「衆鳥欣有託」，才算是「吾亦愛吾廬」。所以生態學的出現代表了我們人類的世界觀，自然觀有了變更，價值與理性的合一更替了截然二分，若依科學史家孔恩（T. Kuhn）的說法，這種自然觀，世界觀的更易便是另一次科學革命的徵兆，機械論的典範要解體了。

事實上中國哲人很早就看出這種陷溺在追求事物之中，無法做整體觀的機械論的弊病了，如莊子・天地篇就曾說過：「有機械者必有機事，有機事者必有機心。機心存於胸中，則純白不備，純白不備，則神生不定；神生不定者，道之所不載也。」而朱子語類卷十八也說：「徒欲汎然觀萬物之理，則吾恐如大軍之遊騎，出太遠而無所歸。」

至於講求價值與理性合一的生態學的中國淵源，一般舉的是孟子在梁惠王篇的幾句話：「不違農時，穀不可勝食。數罟不入洿池，魚鼈不可勝食。斧斤以時入山林，材木不可勝用……。」但這不過是事件的舉例而已，後面是有整套的思想基礎的，首先我們看看易經的乾卦，所謂「乾道變化，各正性命」便是指創生性的乾道，在於使生生物物的本性得以發揮，物物各得其所後，世界與人就安頓好了，最好是沒有誰在壓制誰，世界的秩序在於生生物物本性發揮後的相尅相生下的諧和，而乾元用九的至上境界在於群龍無首便是這樣的一個含義。

而科學的形上假設是這個世界是有序的，人可以找出這個秩序，生態學代表的是價值與理性的合一，這種自然觀中國先賢早就有了，在中國的自然觀裏，人文與自然，價值與理性是水乳交融的，我且以程朱一脈這支中國最富知識主義精神的「格物窮理」思想來簡述簡述：

程伊川有句話：「在物爲理，處物爲義」，在經過了「在物爲理」的這段追求手續後，我們心上是要「處物爲義」，爲生生物物安排好它們的適宜秩序的，這極富今天生態學的精神。而伊川之後的朱子更發揚了這種精神，朱子語類卷十五中有人問：格物云合內外始得，朱子回答說：「他內外未嘗不合。自家知得物之理如此，則因其理之自然而應之，使見合內外之理。目前事事物物皆有至理。如一草一木，一禽一獸，皆有理；自家知得萬物均氣同體，見生不忍見死，聞聲不忍食肉，非其時不伐一木，不殺一獸，不殺胎，不妖夭，不覆巢，此便是合內外之理」。

這裏是朱子由心靈的識理——應物，以說明合內外之道。爲了詳細把這種合內外之道的朱子格物窮理思想談的較爲清楚，且先抄下朱子爲「大學」寫的格物補傳全文，以便揣摩與了會：

「所謂致知在格物者，言欲致吾之知，在卽物而窮其理也。蓋人心之靈，莫不有知；而天下之物，莫不有理。惟於理有未窮，故其知有不盡也。是以大學始敎，必使學者卽凡天下之物，莫不因其已知之理而益窮之，以求至乎其極。至于用力之久，而一旦豁然貫通焉，則衆物之表裏精粗無不到，而吾心之全體大用無不明矣，此謂物格，此謂知之至也。」

所謂合內外，就是以理來貫穿心與物，窮「在物之理」是外在功夫，處「在物之理」就是義，就是內在功夫，在朱子的思想裏，心是「氣之靈」「氣之精爽」（見「朱子語類」卷五），是形而下的氣邊事，而不是形而上的理，但朱子的理是一個不能自顯的存有，理雖然是萬物之所以成爲萬物的根基，但本身卻毫無活動流行的作用，只有透過人類心靈的呈現作用，理的法則意義才能彰顯出來，也就是說理的功用有待於人心認識它之後，再恰如其分的施展出來，這就是所謂的「用理」，要用理，就要把「心靈」帶進來，既把心靈帶進來，則理就不能只視爲在外，朱子所謂「理在物而用實在心」就是這個意思，而朱子遺書第十五的「人之所以爲學，心與理而已矣。心雖主乎一身，而其體之虛靈，足以管乎天之理；理雖散在萬物，而其用之微妙，實不外乎一人之心……」也是這個道理。就因爲這心之「處物爲義」，朱子不能接受窮理於外的價值判斷，但由於「處物爲義」要先經過認識「在物爲理」這段手續，理貫穿了心與物，所以也不能說理只在心內，因此可說成「合內外」。

既然理無內外，心靈認知所得的理，原本就見于人的本心中，但卻必需要往外走一趟才可證成，也就是說「氣之靈」的心要合乎道德，須先經過格窮實然之理，以體證它的所以然之理，這種不假外求，卻要外證，以今天的科學來說的確是如此的，今天我們已瞭解科學不過是人所創造的概念系統，是人爲自然所描繪的圖像（Picture），而不是自然的本身，既是圖像，這些概念系統必須在自然現象界求證其諸多大用，但又既是圖像，是觀念的創造，故必爲心之創造則無疑；

只不過因爲人是有限的存在，而「於理有未窮，故其知有不盡也」，這些圖像會一再更替就是了。

然而因爲格物窮理是在求得「全體的大明」，或說「及其眞積力久而豁然貫通焉，則亦有以知其渾然一致，而果無內外精粗之可言矣……」（「朱子遺書」第十五）的去上達太極之大理，這一套內在外在的功夫是要主敬的，也就是說「格物窮理」只是與「涵養須用敬」相並立的「進學在致知」，這兩者如二輪二翼，缺一不可，但衡量兩者的重要性，主敬無寧更爲重要，故朱子語類卷九有言「持敬是窮理之本」，且這套敬的功夫，不僅指靜態的涵養方面，實際上貫穿了動靜，言行等人生全程的活動，是格物窮理所以可能的基礎，且因爲有了這基礎，格物窮理說遂不僅有知識上的形塑，也有道德修養的意義，難怪朱子要說：「敬字功夫，乃聖門第一義，徹頭徹尾，不可頃刻間斷。」了（「朱子語類卷」十二）。

由前面的要窮「在物之理」，必須「處物爲義」；敬業的結果就是樂群；各正性命的結果就是群龍無首，可見得中國這一套內外在的功夫中，價值與理性，人文與自然是如何的水乳交融，而這一套交融對走入「工具理性」機械論途窮的西方該有如何的警醒，但不只要別人警醒，我們自己更要覺悟到自己傳統在觀念上意義上的啓發價值，而一談到警醒與覺悟，我且延伸「合內外」在人文上的意義以結束本篇。

所謂合內外，太極之理可通人之內外，就表示天道與人道是可以相通的，而既然天人是可合一的，在內聖的講求上就不需「神」的偶像，在外王的講求上就不需「君」的偶像，而這一套「內聖無神，外王無君」的境界就正是乾元用九的「群龍無首」的眞意所在，讀者們看看這一套對今日的世界該有多大的警醒吧！

「鵝湖」一〇三期，一九八四年一月

對殊異性、多樣性的肯定

——由民主與生態學的精神談起

民主社會所含蘊的意義與精神是對異端的尊重，容許異見，自然也就肯定了多元性的價值觀，認爲每一個體都可以發展其天賦的創造能力，追求不同的價值理想，至於議會制度不過是一套保證而有效的運作制度而已，如果沒有了上述的精神，則這套制度不過是沒有靈魂的軀殼罷了。

而本世紀異軍突起的生態科學，一方面在事實上做整體生態環境關聯網的探討，一方面在精神上也肯定了殊異性與多樣性的價值，認爲多樣的生物屬種才足以保證生態環境的穩定延續，各種生物屬種各發揮其功能，就能在相生相剋下達成整體的和諧成長，也就是必須要物物各得其所，安頓好了全體的世界秩序，才能安頓好我們人類，也就是必需「衆鳥欣有託」，才算是「吾亦愛吾廬」。在這種觀念下，我們不再求戟天役物，不再把自然當做一個足資征服的客體，而認爲是包含了我們人類在內，互爲主觀的生剋關聯網，且有了殊異，才有和諧，軍隊踢正步的齊一化，滅亡也就很容易了。

這種情形如溪頭的人工杉林林相的齊一美是名稱中外的，但不再是雜樹林，松鼠的松果類食物失去，再加上天敵蛇類被大量補殺，遂大量繁殖，只好吃樹皮果腹，而樹木每年因此死亡的據說損失上數億元。所以踢正步式的齊一美是遜於雜然並陳的殊異美的，古人談江南美景有所謂「暮春三月，江南草長，（雜）花生樹，群鶯（亂）飛」，不雜不亂，那見得多樣並陳的生機勃勃。而漢何休的「公羊解詁」也有「種穀不得種一穀，以備災害」的擔心生機截斷。

其實這種「和而不同」的精神在中國典籍上是所在多有的，反之「去和而取同」則會趨於衰敝，「國語」中的「鄭語」有一段話翻成白話大致是這樣的：「『和』是萬物一體，有了和，世界上的物才能繁殖不息，如果一定要把萬物歸之於同——納入同一模式，則這繁殖就要停滯了。事物彼此互相依賴，互相克制，就叫做『和』；這樣，事物就能茁壯，發展得愈來愈豐富；假使不這樣，一定要以固定的模式把事物變成一個樣子，所有的事物便必生機盡失，而要趨於滅亡了。」

中國儒道兩家這種要求有所助他，但又讓出一片地，在海濶天空下，各盡姿容，多樣和諧的言論也是很多的。如老子就說「生而不有，爲而不恃，長而不宰，是爲玄德。」，王弼注曰：「不塞其源，則物自生，何功之有？不禁其性，則物自濟，何爲而恃？物自長足，不吾宰成，有德無主，非玄而何。」，老子又說「道生一，一生二，二生三，三生萬物，萬物負陰而抱陽，沖氣以爲和」，莊子也說過：「天地與我並生，萬物與我合一」。至於儒家，易經的「乾道變化，各正性命」，便是指創生性的乾道，在於使生生物物的本性得以發揮，物物各得其所後，世界與人就安頓好了，最好是沒有誰在壓制誰，大家都是生機勃勃的龍，世界的秩序便在生生物物本性發揮後相剋相生下自然諧和，所謂「乾元用九」的至上境界在於「群龍無首」的意義便在此。而人類努力的「生而不有，爲而不恃，長而不宰」的生機教育也在順天生之性，所以元代大儒許衡有言：「所謂教者，非出於先王之私意。蓋天有是理，先王使順其理；天有是道，先王使行其道。因天命之自然，爲人事之當然，廼所謂敎也。」

這種「天地與我並生，萬物與我合一」的觀點還涉及中國人「天人合一」的觀念，固然成就了萬物，才能成就我們，但這是需要靠主體的修證的，所謂「人能弘道，非道弘人」是也。這裏固然我們不得不承認世界有其非理性的一面，人也有其命限，但中國先賢在「天人合一」境界的期許下，是要主體由「內聖外王」的修證，突破有限，追求無限的，所以孟子有言：「夭壽不貳，修身以俟之，所以立命也。」，不是消極的認命，而是積極的「立命」，且在這「立命」的「內聖外王」修證過程中，既然可有「天人合一」的境界，自然是沒有偶像圖騰的，所以「內聖無神，外王無君」。

在自然與人事上，我整合地舖陳了先賢的卓越智慧，這些智慧在傳統君權專制，幸而不長的社會結構條件下呈現得很不理想，某種程度還要如公羊學家藏之於史實的描述文字中，而要求「「以事言之爲史，以道言之爲經。」（這另涉及中國知識分子表達理論的方式問題，此處不冗），今天我們是要使先賢的智慧充分朗現了，但朗現是要結構配合的，諸如社會結構，自然結構等，因此在意義的生發下，認識結構，創造結構，就有待我們這幾代中國人的努力了。

「益世雜誌」三十四期，一九八三年七月號

「無後爲大」、「展望來世」的倫理

西方生態學的倫理基礎與西方近三百年來追求個性開放、滿足個人慾望的倫理是不相同的，它是一個回歸，回歸到以前基督教的來世倫理。這話怎麼說呢？生態學要求的最終目標是留給子孫後代一塊乾淨的樂土，一塊足以休養生息的自然環境；已不再只追求個人一己一時慾望的滿足，個人一己個性的開發，因此強調由肯定來世來肯定現世，進而肯定個人的價值。所以是來世倫理，而不是現世倫理。這就回歸到傳統基督教的期待一個千禧年，面對死後的末日審判的來世倫理了，只不過生態倫理更具有積極的意義，而不只是消極的期望就是了。

我們中國人也強調「不孝有三，無後爲大」，個人的生命是有限的，但家族、民族的生命則應是薪火相傳，綿延不斷的。因此中國人常說要積德修業，爲子孫積福，自己苦一點沒有什麼關係，子孫不要苦就好，所以這也是一種來世倫理，非常可貴的來世倫理。

西方自三百年前爲了打破宗教對於個人的枷鎖與壓制，強調的是個性的開發，甚至個人慾望的滿足，頗有一點某些理學家「天理卽在人欲之中」的想法。這話是不錯的，「天理就在人欲之中」，但沒有說「天理就是人欲」！天理還是天理，人欲還是人欲，天人合一並沒有說天就等於人！強調人欲的結果是自信了人類的過分驕傲，以為可征服自然，役使萬物，殊不知人類也是整體自然不可分的一部份，個人也是家族生命、民族生命不可分的一部分，人並不是獨立於天壤之間，而是與自然、與他人環環相扣的。

西方追求開發個人，走到了極端，便是性與暴力以及享樂主義的氾濫。某些西方資產階級為了避免生育痛苦，個人主義教育下的西方子女又比較桀驁不馴，為了性愛與子女的雙重滿足，便想到了領養東方社會比較溫馴的兒童，前幾年本省許多嬰兒與兒童的失踪與拐買便是這股歪風下的產物，這表示西方個人主義者走出了一個偏鋒。

但人性是多方面的，人欲也是多方面的，在自由與秩序間的擺盪有了一回歸，生態學在瘡痍的大地中興起了，來世倫理重被強調。不少西方科學家甚至放棄了在化學、生物、放射性戰劑上的研究，而致力反對「為知識而知識」的表面傳統教條，知識絕對有它的社會責任、倫理責任。當然不少科學家這樣做等於放棄了營生的職業，但這樣做是一深切的反省，反省到人並不能只追求一己的滿足，人對未來，對子孫是有綿延的義務的。如果在生態污染，核子戰爭下，人類滅絕了，那一切的現在享受又有什麼意義！甚至有些科學家在防治污染、消毒殺菌上也小心翼翼了，因為某些防治污染的方法可能引起更嚴重、更持久的二次污染；某些疾病，某些細菌消失了，減少了，可能引起更廣大、更嚴重的別的疾病。

這也就是說一時的清潔不表示永遠的清潔，片面的健康不代表整體的健康，我們要爲子孫做事，但我們不能武斷地爲子孫決定什麼事。肯定子孫的個體價值，尊重子孫的個體權利，也就是肯定了我們自己，尊重了我們自己，這不能不說是個人主義教給我們的正面意義。

在自然與人文間，在自由與秩序間，在個人與羣體間，在現世與未來間，這諸多的價值如何取得一和諧，正是人類應努力的所在。我們中國人常說：「天作孽，猶可違；人作孽，不可活。」，「天無絕人之路」，大家總該爲子孫留有餘地吧！

「大學雜誌」一八九期，民國七十五年第一期
時報「人間」副刊，民國七十五年三月十九日

略談中國的生態思想

生態活動不只在賞鳥，其深層的意義在自然與人文的合一，以傳統的名辭來說是「天人合一」，但合一中我們仍大致可分爲自然生態與人文生態，人雖然是大自然的一員，仍有其獨創的「環境」。

在這篇短文中將回顧一下中國傳統上對「自然生態」和「人文生態」處理的態度，「以古爲鑑」可以「正興替」，歷史的回顧有助於面對現在，因爲有些問題是「古已有之，於今爲烈」，畢竟幾千年來，人類沒有什麼大變。

傳統認爲人的一切制作，無論是器械或政法制度，都應「順天行事」。尚書・皋陶謨篇有「天工人其代之」的話，而明末宋應星的科技百科全書——「天工開物」也就取名於此。所謂「天工人其代之」，是說尊貴的人類可以「假天之功，以爲己力」，但不要忘了這是「假」，是「代」，人類的努力可以如女媧的煉石補天，但畢竟還是「補」，人是不能取代天的，只能「替天行道」、「代天巡狩」。

近人談科學，常常喜歡說「人定勝天」，那就看元代劉祁在「歸潛志」裏的這段話吧！「左傳曰：『人定亦能勝天，天定亦能勝人』，余常疑之。誠以嚴冬在大雪中獨立，悽然不能久居。然忽有外人共笑，則殊暖燠。蓋人氣勝也。因是以思，謂人勝天亦有此理，其特是哉！深冬執爨或厚衣重衾亦不寒。夏暑居高樓以冰環坐，而加之以扇亦不甚熱。大抵有勢力者能不爲造物所欺，然所以有勢力者亦造物所使也。」這豈不是說人多少可以控制自然環境，但人自身卻是自然的一部分嗎？

再引一段大戴禮記・易本命篇的話給今天談「生態學」的人看看：「好壞巢破卵，則鳳凰不翔焉。好竭水捕魚，則蛟龍不出焉。好刳胎殺夭，則麒麟不來焉。好塡谿塞谷，則神龜不出焉。故王者動必以道，靜必以理。動不以道，靜不以理，則自夭而不壽，妖孽數起，神靈不見，風雨不時，暴風水旱並興，人民夭死，五穀不滋，六畜不蕃息。」

再看朱子是如何看「格物」的。朱子語類卷十五：「有人問：格物云合內外始得，朱子曰：『他內外未嘗不合，自家知得物之理如此，則因其理之自然而應之，使見合內外之理。目前事事物物皆有至理。如一草一木，一禽一獸；皆有理；自家知得萬物均氣同體，見生不忍見死，聞聲不忍食肉，非其時不伐一木，不殺一獸，不殺胎，不妖夭，不覆巢，此便是合內外之理」。

在人文方面，中國人不特高尊性交爲人道，易經・序卦傳還有這樣的一段話：「有天地然後有萬物，有萬物然後有男女，有男女然後有夫婦，有夫婦然後有父子，有父子然後有君臣，有君臣然後有上下，有上下然後禮儀有所措！」，上述眞是好一個「君子之道造端乎夫婦」！人可以追求理性，也必須追求理性，自然或人文秩序才得和諧，追求自由與追求秩序在理性的發揚下才可致和諧，不過人絕非完全理性的動物，而是有血有肉的非理性存在，中國的先賢的特標性善目的在鼓勵發揚理性的一面，這是價值的期許，而非事實的描述，這一點是不得不認識清楚的。宋明理學家中最崇「智識」的朱熹不把高舉智識，但主性惡的「荀子」選入四書，卻列入了「孟子」，此中深意是値得我們三思的。

上述的回顧只是一些吉光片羽，但重新認識認識老祖宗的思想對這時代總還有正面的意義吧！

「大學雜誌」一九四期，民國七十五年第六期

河山終古是天涯

——幾個生態迷思的探討

近來山河大地的環境警報一再拉響，使我們警覺到生態環境的和諧與平衡如遭破壞，會危及人類的生活憩息，因爲人類也是整個生態網絡的一環。但在國內，甚至學界之中，常有些似是而非的「迷思」，特不慚敝陋，略陳一二。

近來臺灣有不少本土動植物瀕臨絕滅，不少人奔走呼籲，維護之不暇，但也有人說少了幾項動植物有什麼關係，稱霸於中生代的恐龍早滅絕了，而地球上還是好好的，說不定恐龍不滅絕，人類還不能出現呢！

這眞是好一個似是而非的論調。不錯，恐龍滅絕後，哺乳類慢慢開始興盛，但需知恐龍滅絕並不是哺乳類與盛的原因，只是恰好是大型動物的先後出現而已。試想想今天可是人類稱霸的時代吧！但左右地球命運的除了人類的毀滅性科技外，無孔不在的細菌，與無處不見的昆蟲是否更是力量龐大的族類呢？

再說恐龍滅絕只是某些生物族類的興替，整個地球生態還在繼續演化，但如今面臨的是對整個地球生命層（Biosphere）的威脅。所謂「生命層」是指大氣層到地下幾公里這窄窄不上百公里，但卻爲所有生物生活的一圈而言。因此現在面對的是生命的毀滅，而不是某些生命的毀滅問題；再說卽使人類滅絕了，還會有其他生物，但問題是我們本身是人類啊！同樣的，有人說臺灣環境生態出了問題，我們跑到外國去算了，但我們是生於斯，長於斯啊！臺灣土地長不出莊稼，河流裏盡是「毒魚」，難道我們就能只靠工商業過活，何況沒有莊稼，沒有活魚的話，同樣也會沒有我們，大自然對生命是一視同仁的。

既然大自然對生命是一視同仁的，所以一個社區環境的良否衞生並不在於蚊蚋絕跡，蚊蚋不可繁擾絕對是對的，但蚊蚋如果絕跡，不特可能蝴蝶鳥鳴不見，更代表該環境中「生命」可能隱退，「環境」的健康絕不在於「堅壁淸野」！

所以卽使無生產的沼澤山林對整體環境健康仍是大有用哉的！畢竟生態的維護並不只是單純的賞花賞鳥，除了要透視這深層的關聯外，更要經過這層透視，不可讓我們的「休閒生活」破壞了原有的生態。

又常聽人說，中國人的維護生態只是少數文人的閒興雅緻，尤其在古代，中國人多而窮，「開荒」之不暇，那顧及得了「生態」，以前「生態」所以不成問題，是因爲中國科技不發達，工具簡陋，所以對自然的破壞不太大；中國士大夫也只靠迷信式的山神動怒等信仰，定期封山，使動植物得以休養生息，如今大家不相信這套，所以恆春烤鳥，新店毒魚，各工廠廢水大放，這無非是傳統的餘毒太深，又只學會了西方的技術、沒有學會他們的「高貴」思想，且無論自然與人文都如此，所以造成這種慘不忍睹的現象，再不拋開傳統的包袱，極力現代化，恐怕死無唯類矣！

這又是好一個似是而非的論調！中國人多而大抵窮是事實，需要「開荒」也是事實，「山神信仰」也是事實，但以前「生態」之不成問題，是因爲工具簡陋嗎？我認爲不是的，投鞭可以斷流，人多的話，工具再簡陋，破壞力還是很大的，而是「庶民文化」形成後，在移風易俗之下，很多是受人啓發而自動的，不過人有「聖賢才智平庸愚劣」，我們不能要求人人都懂得這個道理，所以精英分子有時不得不借助山神之類的信仰，但這不能說是迷信，無寧對自然加以尊重的成分更大。

今天許多人自命進步，殊不知今天的社會裏有多少的現代「迷信」，對「量化」的過分信賴，對「人是萬能」的過分信仰，對「人欲」的過分發揚都是。本世紀初年佛洛伊德談到人類的文化藝術成就，大都是「性的昇華」，這眞是千古名言，發人之所未發；但今天完全不「昇華」了，一切都是「赤裸裸」的，也不只「人倫大道」如此，連「暴力」也不需「建制化」了，赤裸裸而直接，從第一版到十二版，充斥報紙，連篇累牘的莫非都是這些。現代的「進步」科技更助長了這些行爲的「有效度」！而人欲的橫流製造了人際的衝突，人與自然的扞格，有時反壓制了人們個性的發揚，並危及自然生命！

就以「進步」科技而言，常聽人說，我們不能不發展經濟生產，只要我們同時發展執行「進步」的防汚染科技就可以了。姑不論是否一定有防止汚染的「進步」科技，或某些已有相當效益的防制汚染科技有否執行，冷靜的物理法則告訴我們，「生產」與「汚染」是一物的兩面，「防止汚染」也會造成「汚染」，因爲用「能」來「解決」現有的問題，必然會使汚染與「熵」(en-tropy，亂度）增加，即能量不能創生，只能轉換形式，如從熱能換成電能等等，而每一形式的轉換必增加了不能有效使用的能，如廢熱等，即增加了環境系統的紊亂度。因此不論我們擁有多少金錢與能源，如果無法控制生產，控制汚染的能力必有最後的極限，等到山河大地的自淸容納崩潰了，那將是「死寂的春天」！

幾個生態迷思突破的嘗試，心在這片山河大地的美好風水不要被人欲的獲求破壞了，「心香三炷，即是菩提」，即使「方外」之人，仍在「圓內」，能不三思乎！

「自由青年」六八四期，民國七十五年八月

「大學雜誌」一九四期，民國七十五年第六期

自然教育與人文教育的溝通

自然與人文教育整合下的圖書編纂觀

日前在一次兒童科學雜誌的編輯會議上，一位先進提到了國外在青少年編纂圖書時，除了圖文並茂的一貫講求外，已注重就一個個案特殊中見普遍，一粒沙中見世界，做自然與人文教育的整合。這種整合式的圖書編纂究竟是如何的一幅面貌，玆就中國事物上的幾個例子略陳管見。

譬如「兔子」這一個課題，我們可提到這一類動物的生理特徵，如兔唇、膽怯、敏捷、草食以及體內生理構造，再談到它的分佈狀況，生態習性等，這是兔子的生物學和生態學。但兔子在中國又有月宮玉兔搗藥的神話，木蘭辭中又有「雄兔脚撲朔，雌兔眼迷離」的文句，這等等屬於文學，有的還可做傳統藥物史上的陳述，生物學上的辨正，如「搗藥」，「撲朔迷離」等。至於「鷄兔同籠」問題等又涉及數學，……。在這個課題上，既可呈現自然與人文相互的關係，在圖文並茂下又可促進讀者的閱讀興趣，實在是一種極佳的有機整合教育方式。

再如，「月亮」，除了前述月宮的玉兔外，嫦娥奔月是極優美動人的歷史故事，中秋團圓的典故來源又是極佳的民俗題材，至於對月感懷的中外詩文更不知有多少，這是文學。但月亮總是

「獨抱琵琶半遮面」，永遠以一面面對地球，這涉及到月球自轉與繞地球公轉週期幾乎相等的天文事實；而月亮的一面曬了十五天太陽才能轉成背日，不若地球曬了十二小時，馬上因自轉卽可納涼，加上月球引力小，拉不住空氣來調節「體溫」，因此面陽的一面熱到兩百多度，背日的一面冷到零下兩百多度，廣寒宮實在不是樂土，這就涉及物理學與天文學了。再者月亮既無大氣層屏障，因此到處是隕石坑，而月球背面究是如何面目，月岩構造如何，這又有賴人類探月，阿姆斯壯的一小步了……。因此這也是自然與人文有機整合的一個極佳題材。

再看看「長城」，秦始皇時代築時是用黃土夯築，夯築究竟是怎樣的築法？舊長城有沒有遺跡？後代改爲磚築，磚的大小尺寸與質料爲何如是，如何運輸，如何在叢山峻嶺上聳立城基與城頂，碉樓又如何安排，這是科技史與軍事建築史。而長城又代表防胡人南下牧馬的夷夏之防，孟姜女的哭城，吳三桂的狂妄又反映出多少的歷史血淚。至或古往今來的出塞詩篇，飲馬長城更是俯拾卽是，這是文學與思想。甚至抗戰時的長城浴血，現今的長城狀況如何，都值得一再落墨，這豈不又是一個極佳的自然與人文教育有機整合的題材。

類此的題材可很容易的一再推衍，暫且不冗。這類題材之編纂成圖書，只要衆智成城，應該是不難的，至少對青少年圖書來講是如此。我們與其高談自然與人文教育的整合，不如就具體實際的方面，以踏出我們的一小步！國內的出版家們，盍興乎來！

自由青年六八〇期，民國七十五年四月

科學教育中的國語文問題

經常聽到海外學人回國演講，甚至任教時，開始用中文寒喧客套一番後，就說：「我不知如何用中文表達我的觀念，容許我用英文講，好嗎?」流風所及，在翻版洋文書中受教的科學青年，到了研究所階段，也有東施效顰的情形。甚至常聽一些學科學的朋友埋怨，中文不適合做有效率的科學陳述，諸如電腦資訊中文處理緩慢……等等。這一方面表示國內科學界的國語文教育已到了一個多麼嚴重可怕的地步；另一方面，中文做科學陳述以及科學教育的適當性與有效度的問題，也值得我們做深切的檢討。

就個人接觸所及，臺灣科學界中中文化做的最努力的可能是物理學界，中華民國物理學會中有中文化委員會，物理學中文名辭的整理也到了收功的階段。他們自然一再碰到很多難以處理的問題，諸如音譯、意譯的選擇，以前譯錯名辭的更正，是否要造新中文字等等問題，所幸在磋商下，大致已克服，現在主要面臨的是推廣問題。這等等都是科學中文化所必須面臨與處理的問題。

在此先討論中文適不適合做科學表達的問題。先談中文電腦，中文的方塊字結構使鍵盤式的輸入，包括中文打字機，出現速率緩慢的問題，不少中文電腦學者在此費盡心血，而功效不彰。對此我個人有一個看法，在光電科技的發展下，視訊輸入可能會逐漸取代鍵盤輸入，因此輸入處理緩慢可能不太成問題，倒是如何使電腦判讀中文視訊，研究標準字體並訓練學子熟習標準字體，恐怕是對中文電腦學者的新挑戰。

其次方塊字的部首安排，至少在科學教育上有著莫大的方便，包括一字一音在內。諸如氧、氫，氮，氯都從气；碳，矽，磷，砷都從石；金、銀、鋁、錫都從金，這使得學子一目了然常溫下什麼元素是氣體，什麼元素是固態非金屬，什麼是金屬，甚至唯一的液態金屬水銀也書爲「汞」，使人知道它是水狀液體，所以國外學生可能會被考到「Oxygen」是氣體還是液體，中國老師就絕不會考學生「氧」是氣體還是液體？因爲字的本身已告訴你了。甚至化合物名辭「二氧化碳」也明顯告訴你它的分子式了；連許多有機化合物，如酸、醇、酯、烴類，既有含義，也使人容易辨識，不像英文名辭常一個字拉得好長。

中國古代文言文，在事物上常一物多名，關係常曖昧含糊，困惑了不少人。但經過近百年的語體努力，包括造字在內，已使我們較能把握如何用中文來陳述科學。但在教育上，使學子掌握語體中文的邏輯蘊涵與量化語詞使用，則是科學界國語文教育者不可旁貸的責任。

諸如「全稱」與「特稱」的分別：「所有」、「許多」、「一些」、「全部」、「部分」、

「完全」、「幾乎」、「少許」、「總是」、「有時」、「偶爾」、「常常」等等使用時的注意，還有「可能」、「必須」、「屬於」、「包含」、「介入」、「類似」、「相同」等含義使用的斟酌，以及一些類似英文介系詞與連接詞的提醒，如「並且」、「甚至」、「以及」、「否則」、「除外」等等，在行文中都必須留心愼重。至於語句的簡潔，段落的分明在中文科學著作中也必須講求。這些在中學科學教本中尤其必須注重，因爲這是使學子瞭解科學中文使用的基石；當然在今天許多科學教師的語文再教育可能是必要的，這對中文邏輯學者與科學教育家都是一大挑戰。

談到中學科學教本，在編排上還要注意的是重要專有名辭第一次出現時最好附上英文，在書末也附上中找英、英找中的索引，這對科學中文化及熟悉科學英文都是兩便的事。至於一些連編者自己都搞不清楚的科學哲學和科學方法論的名辭、術語最好少提，畢竟「科學精神」不只是「「大膽假設，小心求證」，這些還是多請有素養的科學哲學家參與吧！

中小學科學教育甚至還可從中文科學名辭的語文淵源來加深學子的瞭解，譬如「氧氣」最先譯爲「養氣」，因爲「氧」是維持生命所必需，所以現在的「氧」字還保留了「羊」；「氮氣」因爲在空氣中可淡化氧氣的激烈作用，以前叫「淡氣」現在「氮」字仍保留了「炎」；其他如「氫」，「氯」，「碳」等不勝枚舉……。

至於大學的科學教育，近年來大一大二的教本中譯本，尤其是良好翔實的中譯本的流行已成普遍趨勢，不管授課老師用不用原文本。這本是中文界學習外來科學的正常趨向。試想想如照已往，既要瞭解科學內容，又要搞清楚英文的句法結構，那「雙層藥片，相乘效果」，是可能兩失的。現在許多科學教師水準（不只是語文）的低落，可能是過去死啃翻版洋文書的結果。同樣的毛筆書法與作文週記教學也大可分開，否則既恨作文，又厭書法，恐怕有違推行國粹教育者的初衷吧！

至於大三、大四以及研究所教本是否用中文則大可悉聽尊便，畢竟高深教本的中譯本銷路有限，但仍可努力，尤其是一些具有社會功能，甚至跨系跨院的課程。還有科學書籍日新月異，如何把握反應時效，積極中譯，恐怕是科學教育界、出版界最需努力的課題。

臺灣學界中中文化程度最差的恐怕是醫藥界，至今西醫開藥方以及課堂講授，幾乎千篇一律是洋文，學子學習倒還罷，連病人也不知醫生在弄什麼玄虛，這在世界各國恐怕也是少有同例的。

關於科學中文的書寫問題，現在幾乎所有中文科學書籍都已橫排，因爲科學中有不少的符號表式，橫排較爲適宜。所以相關地我也不反對科學中文中的中洋夾雜，不但作爲符號的ＡＢＣ，θ ϕ δ，ⅠⅡⅢ可與１２３，甲乙丙，子丑寅並列，即使不著名的人名也可直書原文，而不必譯成中文，甚至有些尚無妥當中譯的新名辭也不妨直書原文，當然作者最好是附上試譯的中文名辭就是了。

語體文發展至今，已相當具有邏輯和量化性格，有的還兼具傳音達意的雙重效果，如何好好發展現代中文的科學運用，有待科學教育界、語言學家、邏輯哲學家多所努力與用心！當然如果還能就一個題材，如月球、兔子、長城等，發探自然與人文教學的整合效果，則更是個人的衷心期待與嚮往了。

「國文天地」月刊十一期，民國七十五年四月號

崇拜數值的文明

近世科技文明是以數值爲鵠的的量化文明，社會上的收視率，知名度，見報率，金氏世界記錄……等等莫不如此，所以在在要求「破記錄」，不是破「最高」，就是破「最低」，連人格都講求「量表」，任何事物都要調查統計，於是社會調查大行其道，數字魔術也越演越烈。

對數值崇拜的結果，不少人就以「玩」數字爲業，君不見中油的石化五輕廠倏忽間可由虧變盈，豪門大富的年收入不及中級公務員……。尤有甚者，「數」有時還從「工具」價值變成「目的」價值，「數值」的突破成爲唯一目的，整體方面環境與人文成本賠進去則不與計及。在允許度（allowance）或適合度的要求下，似乎「非我族類，其性必異」，但這個「類」又根據什麼原則來定呢？

在數值的量化要求下，「定性」的大理論探討被壓抑了，埋沒了，因爲「數網」無法用得上，殊不知沒有「性」，那來的「數」，而「性」是靠智慧的抉擇和判斷，「數」只有「貞定」「性」的工具價值，不可本末倒置。更何況有的「性」是不能用「數」來貞定的，人格豈可用「量表」

來衡量！自然與人文都有太多的變數，坐井可以觀天，瞎子可以摸象，以管可以窺豹，因為都可有所得見。但這也表示人的介入可扭曲自然，自然是看人怎麼問，就怎麼答，本質不可知，因為人永遠活在文化中，即令視與聽也受文化的約制。明乎此，當追求各角度的定性詮釋，穿越「數字」迷障了吧！

心平氣和談中小學科學展覽

每年春季開學不久，台北縣市都有中小學科學展覽，這在升學主義充斥的今天，是科學教育界難得的一件大事，但正因爲升學主義充斥，這件事無論在國中，私中等都不受歡迎與支持。尤其是國中，要面臨高中聯考，而這些科學展覽，無論是對環境生態的探討，對教學原理的延申，一些新鮮題材的發掘，與聯考都沒什麼關係，校方不特不投資，且以派公差的方式指定老師負責，有時甚至出差費都七折八扣，因此許多老師都視之如燙手山芋，避之唯恐不及。

在這種情形下，很自然地出現了造假，抄襲等等事情，而老師在應付，學生也不願躭誤「塡鴨」的課業。不過話說回來，「校展」規定每個學生一件，卽使大都「複寫」坊間的一些科學書刋，也至少要學生去找資料，去「複寫」，使他們瞭解課本之外的科學世界是那麼的廣大。至於縣展或市展，每校與每科選派一件，雖然大都是在老師「指導」之下完成，但學生規定要在老師不在旁時回答評審敎師的詢問，至少得熟悉整個製作的過程，這對他們還是有很大裨益的。

我認爲要改進科學展覽，只責備升學主義沒有用處，卻可以明令規定參予縣展、市展的老師，學生有多少優厚的補助，校展也有多少獎賞，重賞之下必有勇夫，又參予就有補助，科學展覽這個活動必能更正常化，更有績效。

飲水加氟有亡種之虞！

最近飲水加氟之爭言論盈庭，這件事除了訴諸科技專家的知識深度與職業道德以外，還需從文化上來檢討科技這「次文化」。

科技文化向來以追求知識，追求眞理爲號召，高唱價值中立，但脫離了價值的知識還能說是眞理嗎？科技專家自信其過分的驕傲，美國麻省理工學院的專家曾有言如果美國一旦採用了物理學的知識以中止二次大戰，也可以採用社會科學的方法來防止蘇俄，維繫美國，這一來極具人文價值的人類學問竟成了「行爲工程」！價值中立的結果竟使得不少的知識分子不自知其士風的澆薄。

甚至基本與應用科學在科技進步下也是分不開的。早先愛因斯坦等人的理論用來造原子彈，現在分子生物學家、生物化學家、細胞生理學家、神經生理學家的「純發現」都是製造神經毒氣、殺草劑、催淚彈等化學戰爭武器的必要資料，人類學家研究東南亞山地族的社會體系的資料，竟成了CIA壓制叛亂的手段，教會用來宣教的依據，心理學家設計的智商測驗也被用做人力分配及種族區分的理論，藥物實驗也被用做控制行為的工具，研究海豚的語言能力及行為也被訓練來攜帶魚雷，……。如是「為知識而知識」仍然可乎？

西方知識分子已開始普遍檢討科技文明的許多教條。並反對貿貿然地做許多實驗，尤其是大規模的，飲水豈可輕易加氟！更何況一時的清潔不就是永遠的清潔，片面的健康不代表整體的健康!!

我怎樣譯愛因斯坦

——「人類存在的目的」

「人類存在的目的」是愛因斯坦人文談論的彙集，由筆者選譯出，而於民國六十年十月由晨鐘出版社發行，至民國七十一年十月發行第八版。其中一篇「我心目中的世界」並爲國中國文課本編輯小組，摘選爲國中國文第五册的範文。筆者當年在譯序曾說道：

「本書原名：『*Out of My Later Years*』，係愛因斯坦在『身經萬里頭初白，名已千秋心自清』後理智清明的深山晚鐘。愛因斯坦成長在樂觀進取，人文精神薈萃的十九世紀末葉，不料轉入廿世紀，他本人不僅身臨目睹高樓瓦礫，刀俎溝渠之幽痛，還曾親身參與各種大思潮的創制與震憾，於是這一位正直、強烈而深刻的心靈在數十年的顛沛流離後，遂以他豐盈的人道精神爲整個人類的將來，他的同胞（猶太人）的命運，而釐析，而呼籲。固然他晚禱的鐘聲也許會淹沒在出獵祭的擊鼓鳴金裡，但汲引所溢射出來的一流清淺，總會使人恢復若干清醒的，在這個危疑震撼的時代……。」

筆者民國五十七年自臺大物理系畢業，那時的物理系在「楊振寧、李政道」旋風等因素的影響下，是臺灣最紅的科系，臺大物理系因時際會網羅了不少青年精英。除了在象牙塔中的耕耘，不少同學也熱衷於對社會的回饋上，於是新生報上開闢了「中學生科學周刋」。古典的涵泳，新知的獲取，洋溢在不少的容顏上，因爲當時大家都有一個感覺：這不是科學本身可以解決人類所有問題的時代，雖然我們學的是自然科學，而且是最基本的理論科學——物理系。後來雖然花果飄零，風流雲散，但現在的「科學月刋」也就脫胎於那時候，一直到今天。在這樣的氛圍下，筆者很自然地接近了愛因斯坦，這位廿世紀的人類良心。

畢業不久，筆者身染病痛，幾度生死的出入裡，想得很多很遠，深感這是一個人類文化的危機時代，兩個五千年的重擔深壓在我們的心頭；筆者當時年輕，無法在文化思想上做深入透闢的思考分析，充盈的是一片情懷，而正也是愛因斯坦的特色，又因主持「大學雜誌」編務的關係，認識了晨鐘出版社的幾位負責人，持以相詢，大獲首肯，就濡筆譯述。

譯本中大部分是出自愛因斯坦的「*Out of My Later Years*」一書，少部分是自他處選取的。所有篇章分成「信念與堅持」「公衆事務」「科學與生活」「我的同胞」四大部分，主要的文字有「自畫像」「我心目中的世界」「道德解體」「給子孫的話」「論自由」「論教育」「科學定律與倫理定律」「黑人問題」「給知識分子」「贏了戰爭卻未獲得和平」「原子戰爭抑或和平」「人類存在的目的」「我們欠猶太復國主義的債」「致於華沙猶太殉難烈士紀念碑之前」……等，足可見愛因斯坦的沈痛與關切所在。

而今我年已不惑，事理的思考分析力較強，了解愛因斯坦所景仰的十九世紀人文精神並不見得那麼「理性」，因爲那也是西方「帝國主義」的孳生所在。愛因斯坦當然多少也有所自覺，但他心中充盈的是對「秩序」，對「確定感」的嚮往，他的相對論是想重新賦予物理世界以秩序，所以他對曾參予的量子力學的後期波粒詭論極不贊同，而說出了「上帝不至於玩骰子」的名言，他期望的是一個簡單和諧的世界，他對「Good Old Days」的沈緬，正表示他對當今紛擾世界的失望，而不幸的是他自己也是一個始作俑者，他晚年的不修邊幅，衣衫不整是舉世知名的，在普林斯頓跡近自我放逐的歲月裡，一方面他已瞭解費盡數十年心血的「統一場論」幾乎不可企及，但他的不安，他的悔恨帶給他的是張力(Tension)，不是毀滅，他的文辭越發清明，越發有力，雖然不够深入，不够鞭辟入裡。最後他雖然在幾分悵惘裡撒手塵寰，但他的生命歷程已爲一良心深刻的科學家做了最好的典範與見證。

愛因斯坦辭世至今又是數十寒暑，這世界的紛亂日甚一日，原子戰爭的陰影，生態毀滅的危機越發迫切，更嚴重的是「個性開放」的過分膨脹造成了人欲的橫流，佛洛伊德的「文化創造出自性欲昇華」說的確是千古名言，但如今一切都不昇華，而是赤裸裸的了，在科技的助瀾下，性與暴力都直接而有效，「美好的昔日」不再來並不足惜，但整個人類文化的「失序」(Disorder)，不管是自然，還是人文，倒眞是令人憂心，固然僵化的秩序使人無所措手足，但立腳土壤的流失會使人飄泊流失，人至少希望活在一個活活潑潑的秩序世界裡，有所遵循。他總希望他所看到的世界不要那麼荒謬，那麼地令人無所適從……，事實上今天的人類正處在一荒謬失序的世界裡，所以才那麼近視，那麼功利，片刻成就感的吸引，片刻欲望的滿足，成了多少人沈溺前所抓住的浮草……。

愛因斯坦的科學成就，生命歷程所告訴我們的是：無論是個人，是社會，都是歷史文化的產物，某些不連續的現象正是歷史連續下的表現，文化是在時間中成長發展，創造力的總合，處於社會，承接傳統是我們了解自己並了解世界的唯一憑藉；當然今天我們所面臨與隸屬的已不止是一個傳統，因此必須向別的傳統開放，但仍然可以肯定的是：人必須在歷史中始能開展出自身存在的意義，否則在普遍化、類同化的浪濤中，就只有捲入別人的意識型態中而消失了。

就我個人而言，十幾年的出入古典與現代之間，特別是科學思想史的探討中，使我深刻瞭解儒家對秩序的安定，道家對秩序的超脫，這兩種追求的分庭抗禮，相輔相成維繫了數千年的文化中國，更何況在「時變」精神下，兩者所嚮往的都是活活潑潑的秩序世界，雖然在政治等因素的影響下，這一世界在歷史上並未完全呈現，尤其是明清以後……。而西方科學史、科學哲學的探討也自覺或不自覺地反映了想認識自家文化，成了反省科學的重要憑藉，所幸有不少人也看出了科學固然消極地解化了不少的人文組合，但也提供了新的整合的契機。這就有待對傳統科技經驗精神的體驗，並對新的結構與系統的綜合把握了。

「國文天地」月刊第六期，民國七十四年十一月

家族倫理與個人倫理

從自然的秩序到人文的秩序

海德格曾表示康德哲學的三大問題——如何能知（認識論），應如何行（倫理學），有什麼希望（神學）並不是終極問題；終極問題是：何謂人？如果我們對何謂人的自覺不够深遠，那我們運思的能力就不可能鞭辟入裏。就當今我們對自然秩序的探究裏，我們似乎發現一奇特但有意義且足令人警醒的現象，就是以物理學能量的發展方向而言，自然的走向是能量越來越平均分散，最後任何事物都無法分清，到達質能迷漫，時空消弭的最大亂度狀態，也就是所謂最大「熵」的狀態，但宇宙的物質目前觀察到一個傾向是散漫的物質聚集成星雲，而星雲中逐漸出現恆星與行星，恆星照亮黑暗的蒼穹，而使某些行星蘊育生命，這種分得清是秩序的傾向，而由物質的秩序走向生命體的秩序是更大的秩序，而由生命體的秩序走向人的秩序，套句西諺，人是物質中的精神，更有了自覺，這自覺使人能累積文明，能省視自己，物質的由生使人有亂度的傾向，血肉的生命有欲望，欲望同時趨向迷亂的企求與秩序的繁衍，人如何在自由與秩序之間，憑其自覺做一良好的權衡，是人類能否維繫其高度秩序化的存在的關鍵所在，存亡絕續是由人自己把握的，無論是在面對自然的態度還是面對人文的態度都是如此。把握了自然秩序與人文秩序，人類才能找到希望，所以康德才那樣陳述了哲學的三大問題。哲學是要解決人的問題的，康德自然也理會到這裏，他沒有直說人但實際還是站在人的立場說話，而他之所以沒有直說，正因爲他處於牛頓機械思潮的尾閭，所以對人的強調與肯定就不如海德格的加入體會，而不只是理會了。

中國先賢對秩序的體認

海德格在理會與體會的兼容下，既強調人存在結構的分析，也強調人血肉的存在經驗，他想爲二十世紀的人類困局打開一解決的途徑門戶。二十世紀的人類困局是其來有自，是「兩個五千年的重擔」！而不僅是海德格所處的西方脈絡的問題，在我勾劃二十世紀的人類困局之前，我且提到中國先賢對「秩序」的認識。

「易經・序卦傳」有這樣的一段話：「有天地而後有萬物，有萬物而後有男女，有男女而後有夫婦，有夫婦而後有父子，有父子而後有君臣，有君臣而後有上下，有上下而後禮儀有所錯。」這整個秩序的鋪陳與我前面對自然與生命的發展秩序陳述是相若的，但不同的是固然肯定了天地萬物的本原，但更強調了處於天地之間的人間秩序的安措，因爲人間秩序安頓好了，對其所處本原的自然秩序也就比較好安措，此之所謂以人爲出發點，以人爲歸向點的天地人三才思想。而在人間秩序的安頓上，中國先賢是由血緣往外推及群體秩序的安排，此之所以有父子而後有君臣，再有上下的禮儀了。所以中國人常講「父子是天經，而君臣不過以義（合宜的秩序）合而已。」在這樣的思想下，中國人的倫理觀念與西方人在神學希望下所展示的倫理秩序自是有所不同的。

西方人自接受了基督教的思想體系後，認爲人間秩序的安頓是出自神旨，人之愛親人以及他人只是在傳達神的愛，人的努力無論是指向來世與現世都是在展示神的秩序中來肯定自己；自然科學的努力也是在展示上帝安排自然秩序的美妙，多次的宗教改革只不過在應如何展示神的秩序上有所爭執而已；基督教因要「使祢的旨意行在地上，如同行在天上」，再加上教徒的努力與歷史的機緣，產生了教會的組織，但教會的一切儀式只是助力，根本的要求是要你個人去面對絕對的超越者—神。因此在基督教的理念裏，個人是無所依傍的，家庭、政府，甚至教會都不足以依傍，這是西方不重視家庭，政府可變革的思想來源，所謂天賦人權就是要個人能直接面對上帝。既然人在世上別無依傍，强調個人，自然重視個人的倫理，尤其在傳統與世俗的群體機制，如帝國，教會慢慢衰微以後，更具卓著，當然它們之所以衰微也部分有此思想淵源，即以近世文明所主生的資本主義與所派生的共產主義類都如此。

科技發展與個人主義

由於科技的發展，教會的陳腐等等因素促成了宗教的改革，基督徒慢慢從天國的嚮往，來世的救贖，走向俗世的肯定，但肯定的仍是個人，從前把個人交與教會，託付來世，取得託庇固然使個人不够努力，但也使個人有點安頓，現在人神的通絕完全要由個人來負擔，人肯定自己就只有在內心無比巨大的焦慮下，改造世界，以證明自己是「上帝選民」的優秀，也因爲訴諸的是個人，所追求的是速效，利潤，以便很快地肯定自己。再加上上帝創造的世界必然是完美的，那完美的必然是精確的，數學的精確描述與控制就成爲榮寵上帝與肯定個人所必經的途徑，西方近代科學的走向數學式的精確乃所必然。當然在這種情形下，西方之走向科技控制的資本主義也就水到渠成了。

現代的西方當然已不再過分講求爲榮寵上帝來謀求現世成就，相反的在個人倫理的極度擴張下，「上帝是人類創造的形象」之說也一時甚囂塵上。「選民說」使許多西方人自以爲有控制他人，控制世界的特賦權利，這自然造成了社會的不平與世界的殖民，共產主義是在社會的不平下激盪而生的，但共產主義仍是西方個人倫理脈絡下的產物，所以共產黨徒仍然自視爲「選民」，且初期的共產主義，是以國際性爲號召的，所謂「工人無祖國」眞是標準的「個人倫理」映象。「天賦人權」說也是呼籲個人的基本權利，這對民主政治，共產主義都有某種程度的促進與糾正。選民觀念與個人倫理影響下西方民主政治的走向代議形式也就理所當然了，而資本主義與共產主義一樣走向帝國主義也就沒有什麼好詑異的了。

在文化上，天賦人權說之後更强調個人潛能，甚至個人慾望的發揮與開展，並且還要求對這種發揮與開展的法律保障。在個人倫理的極度發揮下，上帝退隱了，爲了肯定自己，不是找上帝意象的代替品——某種集體制度，就是放縱個人，强調生命的歡娛與獲取，不然就來回擺盪，西方人在自由與秩序兩極間的尋求大都如此，他們的法律成文而冷硬（當然還是可修正），不講血緣，而法律之所以存在也不過是在個人的發展下求取一點群體的安定罷了。連某些尊重他人，如隱私權等等的做法與倫理要求也都如此。至於達爾文主義的出現也不外於此，達爾文的學說有兩個要點：一是變異，二是天擇，生物族類某些的變異是隱私的、無目的的、散亂而生的，而這些隨機而生的變異種能否存續有賴天擇。變異既然是隨機的、無目的的，當然反對上帝的預定秩序說，教會之視達爾文爲洪水猛獸也就不在話下了，但達爾文實在也是基督教思想的產物，天擇說與選民說是很類似的，以前的秩序是上帝安排的，現在的秩序表面上是天擇，其實是人擇的，尤其是西方人擇的，因爲他們是選民，有安排世界秩序的天職，甚至生存競爭，自然淘汰，適者生存完全是西方個人倫理的產物，連可以依傍的上帝都退隱了，孤絕的西方個人靠什麼來肯定他們自己呢？自然是速效的掠奪與控制；當然有些西方人也想擴展他們天賦人權的個人倫理給別的民族，有點走向世界主義，這包括某些的自由主義者與保守主義者，但不包括權威主義者，但這些都是個人倫理。

西方文化的反省與檢討

兩次世界大戰的慘酷，使相當多西方人瞭解了自己的荒謬，西方學術界開始從思想史、科學史等以及哲學基礎上重新檢討與肯定自己，文化界與藝術界更是一片荒謬的反應，對東方與世界的比較正視也開始了，瑜伽與禪學的風行是這樣來的，當然並不只限於這兩項，也不只限於中國與印度，西方人對自己的文化系統與知識系統企圖做一全盤的檢討與充實，在這樣的文化危機時代，自然是或退或進，百家爭鳴了，但絕大多數仍認爲東方頂多是資訊的供應者，在西方的分析吸收下可重新充實與肯定西方，韋伯指出了資本主義發源的虛妄，但仍認爲西方現在可以重新調整自己，所以肆意詆毀中國，以理性的詭譎來解釋並維繫西方的合理性，甚至在認識「資本主義就像牢不可破的鐵籠，緊緊桎梏住人類的命運，直到燒盡最後一噸煤炭，方才罷休。」後仍然如此，從這幾句話裏看得出他多麼的無奈與覇道，以及多麼懷念煤炭的工業革命帶給西方的優越感與征服世界的機運。但人類的命運就非靠西方人來決定嗎？

即以最和平最博洽的存在主義大家海德格，既談存在的體驗這體會，主要著眼點仍在存在結構的分析這理會上，固然他也說何謂人是終極問題，吐露了他的洞識與迷茫。歷程哲學大家懷德海貶斥抽象，强調具體而血肉的生命，甚至强調一向視爲基礎科學的物理學應變爲生物學的一支，但他主要的影響是過程就是目的，過程的本身就具有意義，這又透露西方人在失去目的感後，又幾乎失去了秩序感，才不能不爲自己編這樣的一個意義網（這是韋伯的話）。至於美國的孔恩，他的典範論根本是一權威主義，代表二次大戰後美國的狂妄與逃避，逃避了美國開國先賢某些理想，難怪歐陸人士一直罵現在的美國沒有文化。

不過韋伯指出資本主義發源理性的虛妄是對的，而這根本是基督教思想相當不符合大部分的人性，人的愛自己與鄰人怎麼能不是自發，而是上帝的旨意，事實上上帝是西方人個人形象的投射，完美的上帝正代表他們本身自認完美，他們所體驗的人的有限性是恨他們自己爲什麼不能成爲上帝。但大部分的人性是不趨向孤絕的，民族國家的形成，上帝統一邦國的瓦解正反映了歷史的事實與諷刺，連想建立無神的上帝邦國的共產主義者都走向了民族主義，這表示聚族而居，以民族爲個人的一部分依傍是人性的需求，事實上這根本是生物界的通則，雖然族外族內仍有競爭，但也有互助，生態學的興起使不少西方人認識了人與人，人與自然間的相生相剋性，而這才是眞正的理性詭譎性，如果理性這個名詞還可以舊瓶新酒，仍然適用的話。但「凡存在的就是合理的」，西方的發展歷史的確反映了不少人性，無論是缺陷與成就都是。

中國的自然與人文秩序觀

「天圓地方，道在中央」——淮南子天文訓

中國人一開始就承認人的有限性，卜卦問神是求人的心安，在先秦理性化後更是如此，過去與將來不是人可盡知的，故不知鬼神，而人既有的一切都是具體而有限的，也就是「方以智」，而不是「圓而神」的，強調的是「智以藏往」，活用傳統，至於「圓以知來」，是活用歷史傳統來當做一面鏡子，「鏡花水月」，「天機不可洩露」，將來豈是人可盡知的，至於數學可以用來「定象」，承認它的精確價值，但「不可盡數」，數學並不能眞正認識世界，在古往今來的卜卦手續中，留一蓍草或竹策不數以代表太極，就顯示了這一點。所以中國的自然秩序以及人文秩序尋求都是定性的，而不是定量的，要「定」才有秩序感，但完全定量則大可不必。

甚至中國人所尊崇的天也不是完美的，女媧煉石補天的神話充分顯示了這一點，後來的道教講求成仙，但「嫦娥應悔偷靈藥，碧海青天夜夜心」，中國人重視的正是在天覆地載中的人，道教的主要作用也是爲人祛鬼避邪，佛教中國化後，不是給人超脫，就是常助人養生送死，連佛與菩薩也是有情衆生，僧尼自稱「方外」，但仍在「圓內」，在家「居士」就更不用說了。道教的神都是人變的，關公、媽祖、八仙都是因德因能而成的，即使死去的祖先也可以有德有能衞護自己的後人，所以中國人供奉祖先。甚至鯉魚躍龍門可以成爲仙子，一個猴子也可以成爲齊天大聖，因爲都是有情衆生，中國人強調神的人性，西方人卻強調人的神性，其中的歧異該好好反省思考。中國人推崇天，推崇聖人，但「天地不仁，以萬物爲芻狗；聖人不仁，以百姓爲芻狗。」，天與聖人是可依傍但又不可依傍的，因爲有時的確是「聖人不死，大盜不止」的。這與希臘的強調天空完美，崇拜完美的圓形，希伯來的選民思想是大相逕庭的。

那中國人的依傍在那裏?在族類上，尤其在有血緣的族類上。按序卦傳，政治制度也是家族的延申，中國的走向君主世襲，傳嫡傳長是自然而然形成的，不需神授，「天子」是遠古留下制度的一「假託」，是「必需的惡」，是無法解決制度困局下不得不爾的。但「天子」對皇帝也是一約束，他要上體天道，以孝治天下，皇后也要母儀天下，一旦失道，不但天罰，人間也要替天行道，鬧起革命，但革命能免則免，不得已而爲之。並且卽使在大一統的帝國下，「天高皇帝遠」，完糧納稅後，「帝力於我何有哉?」，中國人的嚮往在這裏!而中國人的夷夏之防也不是選民思想，是血緣思想，「疏不間親」也!而夷夏之防也不是絕對的，夷狄而華夏者則華夏之，華夏而夷狄者則夷狄之，卽使如此，中國人也慢慢搞清楚什麼是文化中不可變的部份，什麼是可變的部份，孔子還說「微管仲吾其披髮左衽矣!」，到了趙武靈王就胡服騎射，楚是蠻夷，但「「楚雖三戶，亡秦必楚」，漢文化其實大部分是楚文化，屈原更是中國人的偶像，「楚天千里清秋，暮靄沈沈楚天濶」，中國文化重心大抵走向南方，而不走向北方有其地緣等因素，但楚文化是有情文化也是主因，南方的開拓固然代表北人的征服南方，但文化上的反饋是極大的，南北的融合使中國文化走向理性的抒情，這是一大成就，而漢唐後胡琴胡床的直呼至今該有多大的包容性。對北方的征討是求「但得龍城飛將在，不教胡馬渡陰山」，眞正的開拓東北要到清代中葉，這是滿人征服中國的代價，「可以亡國，不可以亡天下」，中國人花了三百年，終於「化」掉了滿清，但這三百年適逢西方速效性，征服性文化的崛起，這就不能不說是中華民族的刼數了。

家族扮演的角色

家族，甚至家族在中國社會上，政治上，文化上有著舉足輕重的中心地位，是個人有所依傍，社會賴以穩定的最大因素，所以政治上爲淸除異己，有時是「族誅」的。這在今天看來，當然是抹煞個人的不良傳統，而大陸的「黑五類，紅五類」仍然如此！比起這些事實的屢屢發生，「大夫有罪，不及妻孥」的呼聲就太微弱了，固然往好的方面講，「一人得道，鷄犬升天」，不過以今天眼光來看，這不完全是「眞好」，但這代表某方面的人性則不容諱言，至少反映了中國文化對人性的詮釋與反映。家族使中國人的個性較爲壓抑，但在經濟上，心理上也給了個人相當高的安全感，但家並不全然約束個人，固然，「父母在不遠遊」，但中國人也强調「男兒志在四方」，是鼓勵子弟「爭取功名，光耀門楣」的，當然頗有些時候「忽見陌頭楊柳色，悔敎夫婿覓封侯」，但「承歡膝下」永遠是中國人的嚮往，卽或兒子不能，但孫子總可以吧！這種彈性的流動是使中國一統，穩定，但各地又見特色的主要因素，中國畢竟是「鄉土中國」啊！固然，這也代表人性需求的衝突，不過在中國大抵是和諧的。中國人的這種心態反映在今天的「留學」現象上，我想讀者一定歷歷在目。

中國人的「常、變」哲學也反映在儒、道的兼容並蓄上，秩序的安定與秩序的超脫畢竟都是人性的需求。兩者的特色在建築上的反映卽四合院與園林，但四合院與園林也是各有所取的，否則那來的「西廂記」「私訂終身」，四合院也講求屏風、門窗的變化，園林也講求對稱，「通」與「隔」，「秩序」與「變化」在儒道互補下在古中國取得了難得的和諧。中國社會歷經不少的科技發明，政治變革，仍然大體穩定是其來有自的，並不是僵化的一潭死水。也並非早熟，文學上有著「漢賦、唐詩、宋詞、元曲、明清小說」的進行，社會上有著「世家大族，布衣卿相，平民文化」的變革，甚至科技上也是如此的，文化之終於在明中葉後走向平民化，就有賴印刷術普及等等科技的發展。並且當時企業精神也講求了，其實中國人一向不諱言「聚財」，「恭禧發財」在中國有了千餘年的歷史，漢代打擊遊俠與商人，固然是專制帝國的政治要求，但「富可敵國」的商人是會失去理性的，觀之資本主義的西方立可洞然。而即使漢代政權如此，以儒家正統自命的司馬遷在「史記」裏也大寫「貨殖列傳」「游俠列傳」「刺客列傳」，儒家絕對是承認多元價值的，司馬遷的受腐刑只是助因，並非主因，連「罷絀百家，獨尊儒術」，在近百年來，挨了不少罵的董仲舒，如果看看他的名著「春秋繁露」，就知道什麼是「公羊春秋」，康有為變法為什麼要打著「公羊春秋」的招牌了。中國人要求的是「一統」，而不是「統一」，此中大有異趣，尤其在文化上。

但不可否認，中國人在政治制度上是拙劣的，一直走的是「家天下」的路子，孔子「祖述堯舜，憲章文武」，「至禹而德衰」，對禹湯文武頗有微辭，但即使他所嚮往的堯舜禪讓也不過是私相授受，實非公天下之局，禮運大同篇的理想一者代表中國是家族化，民族化的世界主義，一者也表示政治制度上的無能，這不得不採用西方的民主制度，至於代議不代議，或是什麼形式的代議制度則大可商榷，但傳統渣滓的「作之君，作之師」的父母官思想則大可排除，而「鳴鑼喝道，肅靜廻避」一方面是五千年政治制度的屍餘，一方面是布衣卿相，一步登天個人價值的強調，這在士農工商打成一片的明中葉平民文化興起後本可慢慢化掉，滿清的入主中原不能不說是華夏的刼數，何況同時又有西方的崛起。朱明的昏庸無能與當時人才上，環境上的許多內緣，外緣因素也有以造成，或許中國人一向講安身立命，強調有限中的無限努力，但也需知道再好也是「出神入化」，在神之外，化之內，且有時不得不「知命」，甚至「認命」吧！「成住壞空，諸行無常」，人世間本來就沒有必然，人持則留，人捨則失，一切在人，因爲至少可「盡人事以聽天命」！

不要放棄自己的文化特色

即使西潮東漸後，傳統中國被打得七零八落，連不少中國學者都不認識自己了，有時還不如求之民間。但中國歷經喪亂，在地大而物不博下，之所以能撐持到今天並有所振拔，並不只靠人多，還是靠文化，尤其是家族倫理，臺灣鄉村經濟的得以維繫，東亞華人社會的經商成就都是如此，臺灣經濟的有今天主要靠家族式的中小企業，不是賠本的國營事業，也不是與政治結合的大型企業，如果鼓吹打破家族，企業大型化豈不自毀長城！當然技術升級是要的，但那是要建立自己特色的技術工業，而不是以別人的策略工業爲自己的策略工業，連日本都在發展自己的特色工業，避開財大勢大的美國鋒頭，美國的緊鄰加拿大也不參加星戰計劃，小如臺灣，又何必去做別人尾巴的尾巴呢？

不少當代西方學者在研究了中國的企業倫理後（包括臺灣，大陸及東南亞），強調家族倫理對中國企業成長的重要性，因爲這是中國人勤勉工作的基源，所以有的反省了以往文化推銷（也可說是侵略）的錯誤，強調中國是在脫離傳統，追求現代，但這正也是中國傳統的特色，是不會走向西方的，連講求「西化救國」的知識分子也是受中國傳統影響的，呼籲西方不要自絕於中國，造成「黃禍」。但也有的西方學者在了解事實後，仍然在文末寫下了這樣的結論：「社會化了的中國人並不一定會辛勤工作，但一定會爲家庭的長久利益而辛勤工作，當他們發現這個目的可達，他們將用經濟的理性途徑達到。而我們瞭解了這一點，我們不僅會懂得中國人如何成爲不休不眠工作者的一般結構，我們也可以了解什麼情況下這個結構會瓦解。」，這就不能不說是帝國主義的狂妄陰影了。毛澤東的摧毀中國家庭已造成中華民族無比的創傷，在這人類文化的危機時代，東西方的知識分子，是要成爲霸道的鷹犬，還是成爲王道的干城，是中華文化，人類文化存亡絕續的關鍵，當然這得在家族倫理，個人倫理上做一番艱苦但良好的調適，同異交得是生態系統得以穩定的主因，兩個五千年的重擔只有在這種同異原則下才可能獲得消解。心香三炷，即是菩提，就暫停筆於此。

「大學雜誌」一八七期，民國七十四年十月號

由中國的天文・曆法略談科學家對規則的探求

「觀乎天文，以察時變」——中國天文、曆法的濫觴

中國的天文學與曆法自創始以來就是不可分的。「易經」「賁卦」說：「觀乎天文，以察時變」。「察時變」的目的有兩個，一個是「敬授民時」，因爲古代中國爲農業社會，又處在季風地區，必須風調雨順，才能國泰民安。所以「尚書」「堯典」中就曾謂「欽若昊天，曆象日天星辰，敬授人時。」「大戴禮記」也說：「聖人愼守日月之數，以察星辰之行，以序四時之順逆，謂之曆。」也就是說觀察日月星辰的目的在找出春夏秋冬這四時變化以及隨之而來的風霜雨雪變化間的規則，以便爲農事和節慶所遵循，所以中國曆法中的廿四節氣名稱是這樣的：「立春、雨水、驚蟄、春分、清明、穀雨、立夏、小滿、芒種、夏至、小暑、大暑、立秋、處暑、白露、秋分、寒露、霜降、立多、小雪、大雪、多至、小寒、大寒」。

但「察時變」的另外一個目的是因爲「天垂象，見吉凶」，當然如果風不調，雨不順，就是

凶，但主要目的不在這裏，「漢書・藝文志」：「天文者，序二十八宿，步五星日月，以紀吉凶之象，聖王所以參政也。」換句話說，天文家的觀測具有看王朝盛衰，帝王失德、不失德的作用在，如發現有所異象，是要上奏天子，以誡帝王的。因爲有這個作用，所以各朝代常頒布法律，禁止民間私習天文、曆法，但執行的非常鬆懈，甚至朝中大吏常常舉薦民間精通天文、曆法者入朝以正曆法。這裏所謂的「異象」除了偶見的「慧孛，流星」外，五大行星與預測位置不符，日月蝕出現的準確與否等等都算，如有異象出現，臣下大都趁機以誡帝王，但如經常出錯，大都是要修正曆法，這往往出現在天下將亂之時，因爲朝政不修，曆法隨之不修，累積的結果自然是頻頻出錯。

在皇帝專制時代，皇帝出錯，臣下除了犯顏直諫外，比較有效的還是天出異象，因爲皇帝不怕臣下，但「天不可不畏」。因此中國的天文、曆法探求有一個相當有趣的現象，爲了農事的風調雨順，必須找出天體運行的規則，但爲了以誡帝王，又希望不要太有規則。歷史上許多一流的曆算家都自覺到工作上這對立的心理需求，唐代領導大規模測量不同緯度地方，日晷投影差異（當時北至漠南，南至現在北越，相距約兩千五百公里）的一行和尙，在「唐書・律曆志」中就婉轉透露了這點。

由這個和科學史上其他的一些事例，使我常常感覺科學家對客觀的完全規則的追求畢竟中外都少，他個人自覺或不自覺的心理需求和環境需求恐怕影響更大，一般人常聽說的「科學家爲了追求眞理，可以不顧一切」可能是一假象，「爲人生而知識」可能比「爲知識而知識」較爲人生的實相，也是我個人所贊許的。

再者，我還要說明一點，上述中國曆法的追求態度是心理需求上的「對立」，但最好不要視之爲「矛盾」，因爲「矛盾」是理論上的，如「A」與「A的否定」才能說是矛盾。何況在中國「對」這個字大致有「對立」「對偶」「對錯」三種意義，「對立」必定是「對」的，因爲會形成「對偶」而和諧，如「男女」「陰陽」「乾坤」「父子」……等，所以中國人常講「對立」，而輕忽「矛盾」，談「對立和諧」，而不言「矛盾統一」。

對天壇科學教育館的期望

「教育部計劃整建南海學園，現有的歷史博物館、藝術館及中央圖書館等均將拆建，而南海學園，或說植物園的標竿——高聳的「北平天壇」式建築獲得保留，只是加以整修，並完全劃歸科學教育館使用，對這項措施，我們不禁額手稱慶。

說實在的，即使「天壇」完全歸科學教育館使用，以國家級的設施而言，仍嫌太小，遠不如台中的科學博物館。無怪乎有人建議將來南海學園完全歸歷史博物館使用，不必特立什麼科學教育館，因爲實在小如麻雀。

對於這個建議，我們不敢苟同，因爲首善之區的台北市的確需要一棟科學教育館。不過，我們對於「天壇」中的科學教育館有了一些相對的期許。近期以來，科學教育館編印的精美刊物「科學研習」已進入若干國中的教室，另方面「知性之旅」的參觀調查也起了很好的帶頭作用。此外，在國內一些探討中國科學史的朋友幫助下，還舉辦過中國古代科技發明展，並製作了大小好幾個銅製的指南車，這一切都令人刮目相看。

但這樣似乎還不夠，中國的科技並不只在於發明幾件實物，這些發明的背後實蘊存著豐富的自然思想，或說，「天人合一」、「制器尚象」的科學觀。建議在空間擴大後，宜將中國科技發明展中製作的圖表、器械專門闢室、闢廳展示，還可包括中國古代的生態思想和實際處理情形，再加上對中國自然思想的介紹：諸如中國希臘都有磁鐵礦，爲什麼只有中國人造出指南針和羅盤？爲什麼中國人最早也最週到地描述並利用了共鳴現象？爲什麼中國會在東漢時就發明了「銅山西崩，靈鐘東應」的「地震儀」等等。因爲無疑這至少與中國天人感應的形上思想是密切相關的。

除了崇禮先賢，勸勉來玆外，對於西方科學的展示，建議除了標本與儀器的展示外，也應陳列科學思想對西方科學發展的影響。這在西方科學史界早已是一項共識，建議一方面可以收集書刊，繪製圖表，一方面也可將若干圖書譯爲中文，並改寫成適合中學教育的體裁，使國內知識大衆了解科學並不只是「物質文明」，只重器械而已。這樣對科學探究眞相的了解，科學方法態度的培養都極有助益，也才眞是爲「科學紮根」努力。

民國七十五年三月廿九日「人間」副刊

時空座標下的科學教育館

——敬答張譽騰先生

科學的目標相當部分是以探索未知爲職志的，因此我對四月廿一日張譽騰先生「我們需要怎樣的科學博物館？」一文有相當的瞭解與肯定，但卻有一些更深重的省思。

「省察過去，面對現在，展望未來」是時空座標任何一點上人們最健康也最值得稱許的情懷，在科學上自也不例外。如今我們生活在台灣的空間，時間上又是廿世紀八十年代，地球已成爲一艘承載人類的太空船，休戚與共，古今相承，因此在大衆科學的觀念認知，訊息獲得上都必須以這時空座標爲考慮。

基於這個認識，所以我認爲一個台灣的「科學教育館」或「科學博物館」應有如下幾方面的努力：

一、認識古與今的交融性：科學並不只是物質文明，它也是文化互動中角色的一員，任何形而下事物開展的良否與特色都與它形而上的基礎有關，所以E.A. Burtt 才會寫出「*The Metaphysical Foundation of Modern Science*」的名著，而中國科學的特殊模式也與「天人感應」「制器尚象」等形上思想有關。而「人是永遠不能割斷過去」的，因爲現在正是過去的成果，我們需要反省過去，並且反省過去不是發思古之幽情，更不是沈緬於歷史的光榮，而是「以古爲鑑」，我們必須省察這一步步的發展軌跡如何，「檢討過去」正是要「策勵將來」，更進而「面對現在」。

因此我期望「科學教育館」能用圖表、器物，甚至影視設備做中西科學史的展布，展布過去的科學觀念與生態思想，畢竟科學並不純是求新求變，並且即使求新求變，也有它的承傳，所以不管有些問題是否「古已有之，於今爲烈」，我們不妨看看老祖宗們是如何處理這些問題的。

二、認識科學與人文的交融性：無論是反省過去，展望未來，面對現在，都會發現科學與人文的不可分性。是防胡人南下牧馬的觀念，華北地區特殊的地理地質景觀，造成了今天的萬里長城，無論是以麥草爲鋼筋，黃土爲水泥的夯築，依山勢而建的磚石砌築與運輸，或以城樓爲宿兵置器，兼做邊轄的柱棟，以使不崩的考慮，反映的是就地取材，因時制變，甚至軍事運用，建築美感的人文思想。我們何妨借「孟姜哭城」「昭君和番」等「飲馬長城」的詩篇，展布「古今血淚」的中國建築學與止戈爲武的防衞思想。

同樣在展望未來上，也可做科學與人文的整合式展布，玆以月亮爲例。是月球的自轉與繞地公轉的週期相近，才使得月亮「猶抱琵琶半遮面」，永遠以一面面對地球，所以固然「月有陰晴圓缺」，面對地球的一面上的陰影，不管是蟾蜍，還是月桂，卻是少有變幻的，否則文人墨客豈不更有無常之感。月球背面的地圖景觀還是有賴探月火箭拍攝照片方得知的。

但自轉週期接近一個月更使得月球面對太陽的一面要曬十五天的太陽方能背日納涼，因此熱到華氏兩百多度，相反的背日十五天又冷到零下兩百多度，所以月球實際上是「生物地獄」，那像自轉週期只有廿四小時的地球這麼「生機勃勃」，這些在我們展示「人類探月」的偉大壯擧時，是否也可整合地「一小步，一大步」地展示給大衆呢？這是「天文・生命・人文」的整合啊！

三、重視台灣現面臨或將面臨的事項：在科學發展上，科學的中文陳述所面臨的語文問題，甚至包括中文電腦的按鍵輸入與視訊輸入更替面臨的標準字形問題，都應前瞻性的啓發大衆的注意。在生態的維護上，展布賞花、賞鳥只有在認識無生產的沼澤山林對整體環境健康的必要性後才有意義，甚至啓發大衆一個環境中蚊蚋如果絕跡，則代表生命可能隱退，大自然對所有生命一視同仁，勿做「絕壁淸野」地衞生努力，畢竟科學是要以生命爲基礎的。並且候鳥的出沒與本土動植物的存亡也是要一視同仁的。

此外在宣揚電子、電腦介入的利便時，不妨也做介入生活的省察，以做正確的因應，至於生物技術，試管嬰兒的引入也不妨類似地做一番科學與人文的整合省察，不要只以國外的報告爲標的，這些都是大衆科學教育所應加強努力的方向。

無論是「科學教育館」或「科學博物館」都不應只是「死的標本館」，更應是「活的生命館」，並且「生命」不只在於「新奇炫目」，茲展布我「心香三炷」的期望吧！

附：我們需要怎樣的科學博物館？

張譽騰

人間副刊三月二十九日「對天壇科學教育館的期望」一文，拜讀之餘，有一些感想，就教於劉君燦先生與人間讀者。

博物館之興建，多少源於人類蒐集事物，尤其是過去事物的癖好，由於緬懷過去，遂生以古鑑今的情懷。是故，文物或標本乃博物館之物質基礎，而文物標本背後所蘊含之人文或科學思想之展望，則爲經營博物館者之職志。

對劉君燦先生建議在科學教育館內，除了陳列科技器物外，也兼及陳列古代中國之自然思想、科學觀，或西方科學思想對科學發展之影響等，我完全贊同。畢竟博物館本來就不應該只是一座「古物貯存所」或「死的動物園」(dead zoo)，而必須有再現或闡釋科技器物背景思想的義務。

問題在，除了「過去」之外，一座博物館，尤其是科學博物館，是不是應該有些別的東西呢？

現代科技發展之速度倍蓰於往日，科學原理和事實不斷產生，科技產品日新月異，大大改變了人們生活的面貌，科學博物館做爲一種社會教育媒體，是否也必須像報紙、雜誌、電視、電影一樣，反映我們這一時代的科技面貌呢？答案自然是肯定的。事實上，自一九六〇年代以降，有許多新型科學博物館，大多以現代科技之題材爲展示或教育之主題，其中有以健康爲主題的如美國芝加哥的柯羅恩健康中心（Robert Crown Health Center），有以太空或能源爲主題的，如香港太空博物館、美國阿拉巴馬太空和火箭中心、田納西州的科學和能源博物館等，其他以交通、電力、生態、自然爲主題的，也不在少數。這類所謂的科學與技術中心（Science and Technology Center）一改傳統科學博物館著重呈現過去文物、闡釋自然與科技歷史的經營型態，致力於現代科技生態上的展示，把人類現階段所面臨有關資源開發、死亡與疾病威脅、人口、污染、太空探測等問題一一凸顯在觀衆面前。觀衆的反應也出奇的熱烈，根據美國博物館協會一九八一年的一項調查報告顯示，在那年內，全美的三十個科學中心所吸引的觀衆達二千五百萬人，佔所有博物館（全美約六千座）觀衆總人數的百分之四十以上。

從這裏，一方面可以看出時代變遷對博物館的影響，一方面可以了解現代民衆的需要。博物館是人類文明的產物，它必須像一個具有高度生命力的有機體，能感覺並反應時代的律動，並藉着它所舉辦的活動或展覽，來表達它對影響當前人類各種重要課題的看法，也只有這樣，博物館才能繼續保持活力，不致爲現代社會所淘汰。現代人的衣、食、住、行、育、樂無一不受到科技的直接影響，各種傳播媒體（在爭取民衆注意力方面，與科學博物館處於相互競爭的地位）的運作，使人們對科技知識的好奇心與求知慾大爲提高，當民衆進入科學博物館時，眼界與要求逐漸提高，不再以緬懷歷史，發思古之幽情爲已足，還渴望能了解一些現代科技的原理及運用，一些周遭環境的生態消息，一些和切身健康有關的醫藥新知，科學博物館做爲一個提供三度空間媒體的社教機構，正是一個讓民衆濡染科學觀念，接觸現代科技訊息的場所。

人類是永遠瞭望、期待着明天的進步動物。科學博物館的內容，除了再現過去，審視現在之外，尚須提供未來科技的展望，此一展望當然是以對歷史的反省和現在的肯定爲基礎而延伸到未來之上。電腦已發展到第五代了，它對人類社會將產生怎樣的影響？生物技術之快速發展，試管嬰兒以次的人類世界，究竟應該如何因應？人口節育政策下中年人在人口中所佔比例將大幅度增加，這些人離開校門後的繼續教育（continuing education）問題應如何解決？科學博物館的展覽和活動在這裏應該可以發揮作用，希望能吸引社會大衆的脚步，成爲街談巷議的焦點話題，引導和創造社會輿論，導致合乎人性之科技政策之制定。

公元二千年卽將來臨，我們應當了解，現代中國社會對科技知識，尚有一種潛在的、巨大的抗拒力，經營科學博物館除了闡揚我國科技史的光采，給予民衆歷史性的啓廸之外，却又不能逆流而行，培養出一種「中國人早已想到」的態度來。科學博物館是一座終身教育機構，歡迎不同年齡、不同職業的人選擇自己最方便的時間前往，可以說是實施繼續教育的最佳利器，我們對科學教育館的期望絕不僅是科技之史的展示，而更希望它能反映時代的面貌，預見社會的變遷，向社會大衆展佈一個新世界與光明的遠景。

民國七十五年四月廿一日「人間」

顏色與文化

白色的日光與燈光會分成「紅、橙、黃、綠、藍、靛、紫」七色光，這是牛頓用三稜鏡分解日光後告訴我們的，比這早三十年的分光實驗，明末的方以智也做過（用的是三稜形水晶），並把這現象類比到背日噴水而成五彩彩虹的現象，一如牛頓時的發展般。後來不獨彩虹，連玻璃邊緣的彩色、肥皂泡、油斑，甚至朝霞、夕陽、藍天、白雲都獲得了物理解釋，現在連生物體的呈色也可用色素細胞來做某種程度的描繪，除了色盲者有所缺陷外，所有的人類都是活在日光與燈火的彩色世界裏，「日出而作，日入而息」，人類的文化賴乎「光」，賴乎光所造成的世界，所以聖經中說上帝要給予這世界「光」，中國的「光」字象「火在人上」，光與火在人類的文化中該扮演了多大的角色。

白晝與夜晚，光明與黑暗，自遠古以來帶給人類的就是希望與恐懼的別稱，所以「顚倒黑白」就是「是非不明」，「黑社會」就是「地下社會」，「光天化日」也比喩「衆目所視」，「青天白日」則象徵「朗朗乾坤」。因此我想對「黑色」的厭憎大概已內化到人類的「生理心理學」或「心理生理學」的結構中；縱然沒有黑夜，那來白晝，沒有黑暗，那來光明，「黑色鬱金香」的追求在西方有一段浪漫的故事，中國人也瞭解沒有四合的烏雲，那來豐沛的甘霖；但要說「黑就是美」(Black is beauty)畢竟使人難過，世界上的黑人這樣強調時，恐怕自己都有幾分無奈吧！

血是紅色的，血代表生命的律動，「熱血」更是生命力的象徵，因此人類對紅色有一份親切感，朱紅的大門象徵家族興旺，雖然紅花總得綠葉來陪，才顯得美觀與和諧。不過「見血封喉」，血紅的流出畢竟代表生命的危機，「失血」太多會導致死亡，因此人類對血紅也有一份恐懼，所謂「血盆大口」代表擔心被吞噬。「紅」應「紅」在青天白日下，因爲「紅塵滾滾」，正是「有情衆生」，「紅」不能「赤」，「紅得發紫」是「黑」的前徵，人類的光譜上，不容許瀰天漫野的「紅潮」，正是先賢「惡紫之亂朱也」的教誨，只不過在物理上，「紫外光」還可以殺菌消毒就是了。

當然人類是「類同」的，不過不同的文化系統有時對同一的顏色有不同的意義詮釋，然而「紅色」也是「警戒色」，在「紅綠燈」的舉世一致交通管制下，總也有其象徵的意義。綠色代表生命，這該是生物界的類同，使人愉悅，「綠燈戶」可能是某些文化的培養所，但這舉世都有的人類行業，在其他各地是否還以「綠」來號召，用「綠帽子」召人，就不得而知了，也許在「科技」下，更是「彩色繽紛」，而「昏天黑地」吧！「大紅大綠」有極度的色彩不調感，在「生理心理學」上，該也有所徵候吧！

至於其他的中間色，如「黃」「藍」等等，各民族間的差異應該更大，不過「藍」色總會比較好，因爲「藍天碧海」正是「鳥飛魚躍」的好場所；雖然「藍色多瑙河」代表感傷的旋律，但「水之湄」正是文化的搖籃，清澈的蔚藍有時多惱，總比汚黑的排水溝讓人容易親近吧！

而「黃」色在中國更具有特別的意義！中華文化發源在黃土平原界高原上，「黃河之水天上來」，孕育了多少中華子民，何況中國人的膚色也是「黃」的，所以「黃色」在中國是「正色」，比「朱紅」更「正」，所以民族生命的始祖是「黃帝」，即使後來「萬世一系」的「皇帝」也音「黃」，也爲「白王」，這該有所「音通」，在文字學上也有所象徵意義。所以古代的龍袍一定是黃色的，連異族的滿清也不得不以「賜穿黃馬褂」爲籠絡臣下的工具。實在不知道從什麼時候開始，「黃色」總使人嘴歪歪的，變成「異色」名辭，中國人以「男女性交」爲「人道」，因爲那是「人倫」，不必避諱，甚至可「藝術」，一如佛洛伊德的「性的昇華」；但總不是今天「赤裸裸地床戲」吧！

不過「黃色」意義象徵的「變色」，我判斷該有上百年的歷史了，這裏面是否夾雜了對古老帝制的厭憎，還是有外來文化的推波助瀾，該是值得許多文化學家探論的所在，從晚清民初的小說戲曲，直至報刊雜誌，是可察尋脈絡的，蓋此雖談助，也有其文化意義。至或人類學家，更應以「同中有異，異中有同」的「同異原則」，比較研究「顏色」象徵在各民族文化中的意義；因爲「同異原則」也就是「生態原則」，天下何必強納以同呢？

「大學雜誌」一八八期，民國七十四年十二月號

科技·文化·科技史

這次承胡錦標教授邀請，在「應用科學概論」這一門課中爲文法學院的同學講一堂「科技·文化·科技史」，我想胡教授及臺大開這門課的用意不外乎要溝通一下科學與人文，使大家瞭解一下彼此依存的關係，瞭解大家都是文化整體系統下的一個次級系統，彼此相互關聯，以免落入「兩種文化」的隔閡，增加了彼此的敵意。而大家今天來選修這門課，除了校方的規定外，也有一些如是朦朧的意願，我希望我今天的談話能使朦朧化爲清晰，但也希望我們大家不致因誤會而結合，因瞭解而分離，這就大殺風景，遠違了學校及胡教授的雅意，到底會如何，我也不知道，盡力就是了。

一、通識的需要及當前科技的角色

如何使科學界與人文界建立一個通識與共識，至少需要了解當前科技在人類文化中的角色。

我想誰也不能否認這是一個科技當令的時代，科技上的各種發明深入了我們的視聽、口腹、呼吸與心靈，可說是息息相關；但誰也不能否認這也是一個科技成就最令人懷疑的時代，環境污染、戰爭毀滅陰影、社會結構的解體危機、物質的誘惑與犯罪等等，都使我們萌生科技既解決問題，又製造問題的感觸；而且這些問題雖然有些可以進一步的科學來克服，但許多都要依靠人類高層次的智慧，換句話說，這是一個文化問題，而不只是一個科技問題。

我們可以怎麼說，這個時代在資訊瞬息萬變，通商往來頻繁之下，各個民族文化的某些層面有趨向混合的現象，也就是類同化、普遍化了，如衣着的類同、居住「老死不相往來」地公寓化、奔馳數十公里上下班等。甚而我們會發現世界上所有的大都市，除了招牌的文字不同，走動的人種不同外，幾乎是一個模樣的，差不多只有十幾層樓與幾十層樓的差別而已。但在這科技所帶動的一致化普遍化之下，卻越來越有追求分殊化、民族化的趨向，即都普遍有了對歷史文化意識的覺醒，諸如追尋自己的「根」，各種本土化的運動等等。我也相信將來即使世界文化形成了，各地還是可有各地的特色的，而普遍中有分殊，也可以說是當前世界文化的趨向。

談到了普遍中有分殊，我就要強調一下文化的整體性，即科技與文化中的其它成分是水乳交融互相爲用的。在今天的中國有太多的人一方面叫着現代化，在意識上，或潛意識上卻始終把科技侷限在器用的層面，而不視之爲可與哲學、社會、藝術相提並觀的文化層面，如國建會文化組與科技組的安排，壁壘分明，而沒有 interpenetration，即文化組中無科技，科技組中無文化。並且發展科技大多集中在一時器用的尖端科技方面，而忽略了基礎科學和科學普及化這種面的紮根等等。

因此在這裏我要提到兩點，第一，科學既爲文化的一部分，文化的特色自然也會反映到科學之中，如中國古代科學的重實用、整體，不重視抽象分析、形式系統，與中國傳統文化的特色是相呼應的。第二，在科學本身上的發展趨向，也是一方面在對象上越來越分殊，如海洋學今天也獨立了；另一方面在基礎上、方法上卻越來越整合，如海洋學就必需用物理、化學、生物……等學科，以海洋做對象來做整合地分析與探討，並且所運用的科學方法與物理、化學上的也一般無二。甚至科學家也越來越體認沒有人文，不可能有哲學，也不可能有良好的科學。因此今天我們的專家如出了他專精的場界便一無所知，所謂「兩種文化」的分裂將是一大悲劇。

談到「兩種文化」，很多人一下子便想到理性與價值的分離，把理性送給自然，價值加給人文；也有人說研究科學，一定要價值中立（value free），以求客觀，在研究學問時要客觀是沒有錯，但任何一種學問的本身絕不是價值中立的；培根早就說過：「知識就是權力」，既然是權力，還有什麼中立可言。並且「自然並不概括理性，價值亦不僅限人文。」兩者皆需用創造性的想像力，且需批判性地相互交異（critical interpenetration），以擴展人類的經驗領域。易傳中有謂：「觀乎天文以察時變，觀乎人文以化成天下。」，天人（自然與人文）是要互異合一的。

這裏且先用環境污染、凱恩斯經濟理論、能源、資源這幾個當代最令人注目的問題略提一下通識所需要的認識。在赤壁賦中有謂「唯江上之清風與山間之明月，耳接之而成聲，目遇之而成色，此造化之無盡藏也。」但今天發現這也不是無盡藏了，青山可能不再青，綠水可能不再綠。但大家在環境汚染中畢竟警覺到如果有這一天，人類也就完了，因此回過頭來，要求與自然和諧共存。不過這方面現有一問題，即大自然物質的循環，許多是靠腐化細菌來完成的，但現在發現腐化細菌無法分解大批的塑膠垃圾，因此很可能由「落花不是無情物，化做春泥更護花」（林黛玉葬花辭），變成「塑膠本是無情物，不化春泥怎護花」的悲劇場面，不過這個問題我們相信是可由進一步的科學來解決的。

第二個是經濟問題，美國三十年代的經濟蕭條是靠凱恩斯的經濟學來挽救出來的，但凱恩斯最重要的命題（且讓我班門弄斧一下）是「消費刺激生產」，「大量消費刺激大量生產」，但是這需以「資源無限」爲前提，然而我們發現地球上不獨能源有問題，各項資源礦產在千百年的開採下也差不多要枯竭了。在這種資源有限的情況下，凱恩斯理論是很難實行的，此外「多國企業公司」、「第三世界經濟問題」……等等，都困惑了現代的經濟學家，如何解決尙有待努力。而能源唯二的取之不盡的來源是太陽能與核融合；太陽能目前極不經濟，核融合的原料海水固用之不竭，但安全的控制一直無法解決。至於資源竭盡問題，固然現在有了一個去月球開發資源的遠景，但最有希望的還是講求增加使用的效益，以及盡量回收再使用，大街小巷中收破爛的小販就是物質回收中的一環。然而使用是把集中的物質（如金塊、鋁塊）散逸出去，比如在筆上鍍金等，要把散逸成微量的物質經濟地重新集中，技術、效益上仍有待努力。談到資源耗盡，我對

「免洗用具」有一點不合時宜的意見，這是否有點浪費資源與製造大量垃圾，是否餐館、家庭用烘乾機來消毒，會節省能源一點。當然這涉及能資源的分配問題，只是我個人的一點意見。

且容我再把自然、文化、科學間的分際多談一點。先拿幾句名言來分析一下。第一句是「自然先於人，人先於自然科學」，自然科學是人所創造的概念系統，不可要求大自然來符合自然科學，應該是自然科學去符合大自然。仿此還有「自然先於人，人先於聖經」，因爲大自然是上帝的直接創造，聖經不過是人揣摩上帝意旨寫下的戒律，不可先後本末顚倒，所以近代科學之父伽利略就曾說過：「上帝從大自然的造化中所贏得的敬畏，並不少於聖經上那些嚇唬人的措辭。」如是一來對存在主義的一句名言：「存在先於本質」也可有一番新的體會，卽人是大自然中有血有肉的存在，本質不過是人所推想出來的概念，認爲某甲應具有某乙應具有的東西。

所以自然是整體的，是有聲有色，有血有肉的自然，不是冷冰冰的機械自然，更不是某些自然科學家空洞的架構。我且再分析一個例子。有兩個人一起走進一間屋子，一人認爲明窗淨几，花瓶內紅花綠葉襯托的高雅，另一人卻認爲這一切都是假象，眞正的實在是原子、分子的宇宙跳躍與振動。對此我們贊同前者，因爲後者是以人類創造的概念來代表具體的自然，犯了懷德海所謂「具體性誤置的謬誤」。

二、科學的分類與文化有機系統

首先我們把科學大致分類一下，這約可分爲①數學與邏輯，②物理科學，③生物科學，④社會科學。②與③有時合稱自然科學。而有些學問跨過了上面分類的界限；如行爲科學就包括了生物學、心理學、社會學和人類學；又有些是界際（或界間）科學，如生物物理便是。

其次再談到這四門科學間的彼此關係，這可見下圖：

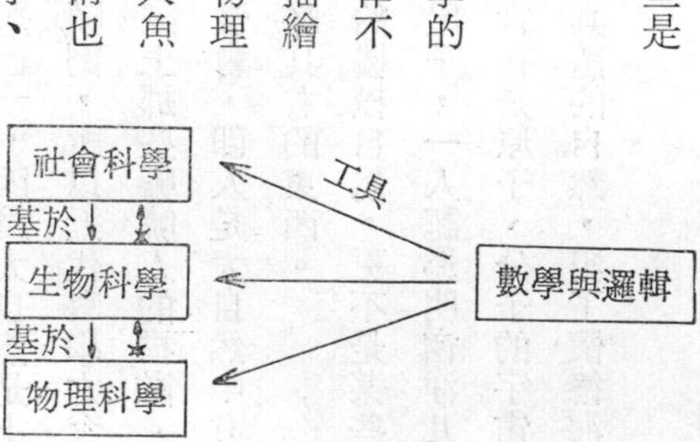

社會科學基於生物科學，生物科學基於物理科學；或說社會科學的理論、定律不能違反生物科學的理論、定律，生物科學的理論、定律不能違反物理科學的理論、定律。不過這並不意味生物科學可以完全描繪社會科學；因爲社會科學仍有其獨特不基於生物科學的觀念；同樣物理科學也不能完全描繪生物科學。在此我們可以打個比喻，卽木石與人魚皆由鈣原子、鎂原子等組成，但木石並不等於人魚；同樣文學與藝術也許可用佛洛伊德性昇華的理論來解釋分析，但文學作品可並不是精子、卵子而已。

有不少化約主義（reductionism）者認爲生物的現象皆可用物理、化學的變化來解釋，並且瞭解宇宙的最好方法是弄清楚組成宇宙的最小單元。這在物理、化學上由物體至分子、原子，乃至更微小的基本粒子；在生物學上是由個體、組織到細胞，或由可見生物到細菌、乃至更微小的病毒。有的科學家甚至認爲癌症與衰老是因某種病毒所引起，精神疾患，如精神分裂也由病毒所引起等。但整體主義(holism)的假設恰好相反，它以注意構成整個系統的相互關係作爲了解自然的最好方法，且整體的屬性不能由其組成部分的屬性得來。換句話說，卽注重關係網絡。可說物理科學中的量子論、相對論就有這種傾向，量子論注目的宇宙不是一個物理對象的集合體，卻是一個「合一整體」許多部分之間複雜蛛網般的關係，故各種基本粒子與其說是實體，不如說是各種交互作用的展現，Niels Bohr 就曾說過：「孤立的粒子是抽象的，其性質只有透過與其他物系之相互關係才能够確定及觀察。」此中一則表示人類探索自然有一根本的糾結，卽被觀察的物系需要被孤立以便「確定之」，卻又要相互作用，以俾「觀察之」。一物系之呈現爲粒爲波，純看我們測量的設備爲何，因此 Heisenberg 等人就常談我們認識的自然是展現在人探究方法下的自然，且無所謂自然的本身，卽除了在我們探究方法下，對話展現的自然外，別無所謂自然。這自然強調了彼此關聯網絡的重要。

而相對論依懷德海的看法幾乎可說是「相關論」，特殊相對論告訴我們現象（諸如長度縮短，時間延長等）純依其所處物系的關係而定；普遍相對論所奉行的 Mach 原則，卽聲明有形物體的慣性(卽物體抵抗加速的性質）不是物質的內在本性，而是它們與宇宙一切其他部分相互作用的一種衡量。愛因斯坦重力（萬有引力）質量與慣性質量的等值就充分顯示了這種意義。因爲重力是萬有引力，所以一個物體的存在模樣是以其他事物的存在爲前提的，這自然彰顯了關係概念的重要。

而影響了數世紀之久的細菌病毒學說也受到了醫療社會學等有力的挑戰，細菌、病毒是致病的必要條件，但不是充分條件，個體差異與社會環境等生理與心理的殊異遂引起不少人的重視；精神醫學就是其一，這也同樣彰顯了關係的重要。另外生態學的興起更強調自然界是一複雜反饋下的關係網絡，對關聯性的重視就更不在話下了。

此外科學還可以分類爲純科學和應用科學，但兩者的分際同樣是不明確的，純因情況而定；一般說來，純科學較偏重自然定律的發現，應用科學則較偏重用已知的事實和原理來製造對人有用的東西，我們可以說化學比化工較偏於純科學一點。

科學的大致分類談完了，現在看看文化這有機系統，稱文化爲有機系統，就表示其相互依賴與貫通的重要；科技自然也是文化中水乳交融的一部分，就像蝸牛的殼對蝸牛，蜘蛛的網對蜘蛛一樣。在文化系統下大略可分爲觀念系統、規範系統、表現系統和行動系統這四個次級系統，而科技對這四個系統都有其震撼推展的功能。科技的方法、概念是觀念系統，而配合科技的進展規

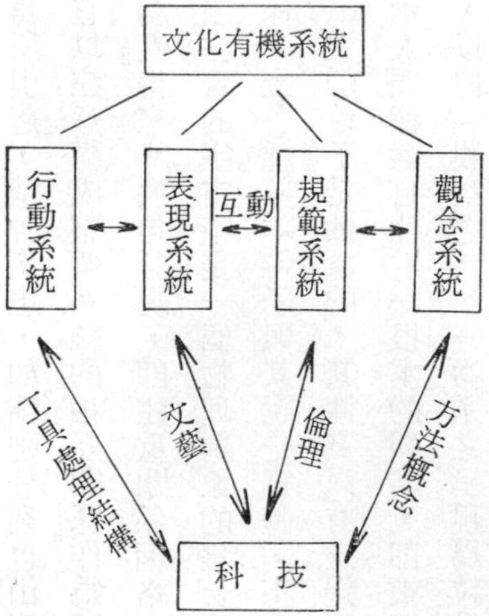

範系統就必須變，譬如今天我們就必須講求公寓倫理，或說如何講求羣己界限的第六倫等，而不再是以前的四合院倫理。至於表現系統，科技的感動更是可觀，試想沒有青銅，那來的青銅藝術；沒有相機，那來的攝影藝術；科技的發展不但可提供文學，藝術新的表現材料與工具，如中國的紙墨對國畫藝術的開展，雷射對雷射藝術的開展等。甚至表現的精神與方式都反映着當時代的科技成就，譬如相機的出現對透視寫實藝術的沒落，印象、抽象藝術的推進等。至於行動系統，科技對行動的工具與我們處理事物的精神的影響就更不在話下了。總歸一句，科技是文化中水乳交融的一部分，這是今古皆然的。在遠古火的發現與利用，就像我們今天發現與利用原子能一般，因此希臘神話中就有普羅米修斯偷火至人間而遭天譴的記載。而這樣我們研究科技史或中國科技史也才能透顯出其某一層面的意義，先賢他們如何去面對自然，開拓人生，並由之返觀現代。

三、科技史的意義

由此我們開始談談科技史。先講歷史，歷史的探討並不只要求熟識過去興衰成敗的史實紀錄，還希望能透視出，貫串出這些史實的發展脈絡，變遷過程，加以詮釋說明，更進一步還希望透過對過去的研究與瞭解，可以幫助我們知道如何在現在與將來安排自己，故西哲有言「每一個歷史都是現代史」。但此中就有了一邏輯的分際，就是能詮釋過去的，未必能發展將來，因各時代所面臨的問題就算類似，但結構卻是截然不同的；也就是說，我們固然想把被吳宮花草埋了的諸多幽徑整理出來，加以詮釋，但也不要忘了晉代衣冠的確已成了古邱，不可能再衣冠於今日，因爲「時各有使然」也。

同樣的，科技史也不在於尋求一些已淘汰過時的理論、發現與發明，這只是史料學，而不是史學；史料學固然是史學的基礎，但絕代替不了史學。同樣科技史還要探討某些發現、發明是基於怎樣的自然觀（所謂自然觀是人類根據他在自然中生活的體驗，知識的累積，而對自然內部的機制、人與自然的關係的一種看法與觀點，亦即是他了解自然，解釋世界的基礎。）才得到的，這些自然觀的流變如何，自然觀的流變對當時人類整體文化的互動又如何。換句話說，科技史是要在整體文化史的角度下去探討的。在西方科技史上，譬如亞里斯多德爲何有目的論的物理學；哥白尼爲何雖然提出了地球爲宇宙中心說的虛妄，仍不足成爲近代科學的開山祖師，而必須讓位給伽利略；科學的理論與技術爲何結合在一起就成了近代科學的特色；牛頓是怎樣成了科學系統化、綜合化的大師……。

在中國科技史上，譬如在中國有了那麼燦爛的大量發現與發明，卻爲什麼產生不了近代形式的科學；陰陽五行與氣流行的理論在怎樣的自然觀下產生，它們對中國科技的助長、扼制又有什麼影響……。在這樣的探討下，有了整體的文化互動觀，在未來的文化發展上，才有了借鏡、線索和方向的實際基礎，換句話說，探討科技史與中國科技史是要既汲引傳統，又銜接現代，並不只是追懷漢唐，塗前人成就的脂粉於今人蒼白的雙頰上而已。

且與生態學一樣，二十世紀科技史與科學哲學的勃興，固然代表科技在文化中的主導角色越重，但更代表反近代模式科學的運動，卽想分別自「歷史的演化」和「內涵的分析」兩方面，來審定一下科學到底應在人類社會中扮演何種角色，然後再討論其價值與地位。

四、科學•技術在歷史上的相關角色

現在我將「科技」釋名一下，科技分開來看是科學與技術，科學主要屬於觀念系統，技術主要屬於行動系統，兩者在歷史上是有所殊異的，但今天的技術幾乎全經過了科學的洗禮，科學也靠推展出的技術來擴大其影響力，因此「科技」有時用其窄義，只指科學化了的技術。

無論中西，中世紀以前的科技都是人類功能的適度延伸，講求配合自然的韻律來作爲，並且「科」「技」是分開的。當希臘人開始重視其科學時，工藝技術被視爲古代神祇所傳無可再發揚的遺產。相對地羅馬以工藝技術聞名，卻沒有値得一顧的科學。甚至到了近代，一系列使近代歐洲文化得已成形的中世紀末及文藝復興時代的工藝技術革新，在「科學革命」發生以前就大部分停止發展了。並且英國雖在「工業革命」那一世紀產生一系列重要且獨立的發明，但至少在抽象及已發展的科學上相當落後；在工藝技術只算二流的法國，卻是當時世界上最重要的科學強權。

在科學革命那個時代，固然培根主倡了實驗主義，但該時期至多以實驗檢驗理論，而理論並不推進技術，譬如天文學（哥白尼之天文體系）之轉變並不仰賴實驗，望遠鏡之發明只檢驗哥白尼體系，並沒有發明哥白尼理論。我們可以說當時據之以實驗的學說大都是古典及中古時代即存在的，如加侖（Galen）之於生理學，托勒密（Ptolemy）及阿爾哈山（Alhazen）之於光學等。因此我們應視培根主義的方法論和價值觀不是在以前確立的科學中創造新學說，而是創造新學科，如磨鏡導致望遠鏡的發明，跟着整個導致光波天文學的觀測與發展，透過望遠鏡，展露在人眼前的宇宙視野不知大了多少倍。

我們似乎可這樣來談工藝與科學在歷史上的三種交互作用。第一種可溯自遠古：即對瞭解自然極關緊要的重大發現，均導源於科學家專心研究那些工藝家早已會做的事情。這種交互作用所得的利益均歸科學而無裨工藝技術。如開卜勒（Kepler）研究過酒桶的形狀，以便用最少木料裝最多的酒，他因此促成了變分學（Calculus of Variation）的發明，但他發現現存酒桶早就照着他演算出的大小形狀而造。又如卡諾（Sadi Carnot）從事蒸汽機理論的研究，發現可改良蒸汽機的建議早已包涵於工程實際操作中。因此他特別聲稱科學對蒸汽機的發明及發展成主要的動力機器很少，甚至沒有任何貢獻，但是他研究的成果卻將熱力學推進了一大步。

第二種交互作用從十八世紀中葉開始，即把科學中所用的方法，甚或科學家本身引用於實際工藝中。如十八世紀動物的品種改良，瓦特設計分隔的蒸汽凝結器，但並未引起工藝的大進展，只是相涉罷了。如果我們要找尋一個因新科學知識的發現而產生的新工業製造法，必須等到一八四〇年迄一八七〇年這一世代中間有機化學、電學及熱力學成熟之後。

第三種交互作用乃由現存的科學研究導致新產品和新生產程序，以及經由受過科學訓練的人來繼續發展這些產品及程序。這種交互作用從一世紀以前的有機染料工業中首度出現，現已改變了通訊、電力的生產與分配，工業及日常生活的多種物質生產，及醫藥和軍事等事業的形態，其勢大而難禦，常使有心者擔心不已，諸如「一九八四年」等著作卽如此，因爲這變成具有控制功能的東西了。

以上大致是孔恩（T.Kuhn）的看法，很多學者都有類似的意見，如 Mulkay 就曾把科學發展的階段分爲資本或業餘科學、學院科學、工業科學、政府軍事科學，由散漫的個人科學家到成立學會，發表學報，到介入工業，也被工業介入，並逐漸爲政府與軍事所主控，眞是走上了權威的導向（Mumford 語）；卽大抵建立在科學的理智和量化的生產上，主要指向經濟的擴充，物質的豐盈和軍事的優勢，總而言之，指向權力。

古代的技術大多要求配合自然的韻律，尊重生命，我們中國自不例外，在最早成書的周禮考工記中，一方面有「知者創物，巧者述之守之以爲工」，表示對實用技術的推崇，一方面也說「天有時，地有氣，材有美，工有巧，合此四者，然後可以爲良。」着重自然韻律的配合，在孟子中甚至連開發的態度都是要求「斧斤以時入山林」的。

至於中國古代科學與工藝的關係，大抵可說在醫學或天文學上，科學與工藝較具關聯，但與兩者皆涉及的陰陽五行學說有人認爲不是科學，也有人認爲陰陽五行學說如可視爲典範，也不是具有預測功能的典範，而是現象發生後的解釋性典範，也有人（如 N. Sivin）認爲漢代以後的陰陽五行學說分歧很多，各門科學中的說法都不太一樣，甚至一個人同時處理這些學門也如此（如沈括），這種不一致性不像西方科學的系統性，因此或可說中國有 Sciences，而無 Science。個人認爲這些說法都有待進一步的探討。

五、結　語

我的一個朋友在知道我在搞科技史以後，曾笑稱我所搞的是「過去學」，以面對淡江的「未來學」（如「明日世界」雜誌的意念等）。我承認科技史是過去學，正如歷史之爲過去學，但無論是過去學，或未來學，皆應以面對現代爲宗旨，過去學是託古鑑今，未來學是託將來以諷今，回顧與展望都是要策勵今天。希望我的介紹不致太令各位失望，謝謝大家。

「幼獅月刊」第三八〇期，民國七十三年八月號

科幻心態簡探

由E.T.外星人的橫掃全球，兒童節目中「無敵鐵金剛」似的卡通片的充斥迷漫，以及一般科幻小說讀者日增的現象裏，我發現一個現代文明人就是想在他的精神生活領域裏拒斥科幻，都是一件很困難的事，但在這表象下隱藏了什麼「實在」，或說科幻如此流行背後有些什麼樣的心態呢？

大而言之，所有的科幻都是人類科技方面想像力的發揮，只不過這種發揮超過了現在科技所容許的範圍罷了。其所以會如此，心態之一便是繼續謀求人類體能的突破，本來工具的發明，機器的創製便是人類突破其四肢功能的努力，現在由於目前科技發展的千奇百樣，使得人想像更新奇的功能突破也是可能的，既然心臟、腎臟都可移植，爲什麼頭腦不可移植？既然食物可「冰凍」不腐，人之經過「冰凍」以求長壽爲何不可？既然飛潛探月都實現，爲什麼宇宙旅行不可能？這是正方向的延伸，另外一個現代人常感覺身心的無力感，透過無敵鐵金剛、宇宙超人的來去自如，臂隨心使，豈不有如武俠小說騰空飛縱，力隨意使的異曲同工之妙。

一談到人類體能的突破，相對應的便是人類自信心的擴張與喪失，我要大膽地說一句，哥白尼的突破地球爲宇宙中心說，一則代表人向無限宇宙探索的能力，一則代表人類對自己爲宇宙中心信心的喪失，而科幻文藝也代表這雙向的發展，第五度空間的穿牆人，與外星人的交往與戰爭，時光隧道的出現，都代表人類自信心擴張的想像成果，眞是可以尙友古今神聖，交往四方神聖，但這也同時代表了人類對自己，對外在，對科技的恐懼，人類與科技的定位問題在科學怪人、宇宙戰爭中表露無疑。

在人類與科技的定位想像中，也映現出人類解釋世界的慾望，這可以說是自人類有心智以來便有的慾望，星羅棋布的蒼穹何所從來？人類的由來，外在環境的變化又何所自？神話的出現可以說就是這種心態的反應，中國的封神榜、山海經，西方的希臘神話、耶教聖經，都透露出這種慾望，今天有許多西方的科幻作品仍取材聖經自是自然而然了，人類知識與科學的產生原本也來自這同樣的慾望，只不過今天人類一方面因爲自己所能解釋的越來越多，也越來越少，乃逞其想像力，盡力發揮而已。

人類想解釋世界，現有的知識又無法完全解釋世界，自有不少神祕想像的訴諸，渺渺遠古，一萬年後，固不必論，對今天的世界不少也訴諸神祕，這都可說來自今日人類自信心的擴張與喪失，某種程度也代表人類不太敢想政治、社會上自己能解決自己的問題，科技的可靠與不可靠在今天這個時代自是更可逞其想像了。而現代人在生活上訴諸聲色、藥物與物質的徵逐，而在精神上的遁逃處所之一便是科幻了。

嚴格說來，以上所提的各種心態一方面是交互關聯的，一方面也非自今始，可以說將與人類共其始終，所以科幻可說源遠流長，中國的封神榜也或可一訴。再者這些心態同樣也產生了人類的各項學識與科學，所以也不可以「人類的逃避」視之，有些科幻作品也代表人類想像力的合理延伸，亮光可灼人獸之目，何以不能成爲死光，今日的雷射發展難說背後沒有這樣的意識，所以也不能說科幻的想像力對科技發展的概念啓發方面並無寸功，我們只可說科幻的盛行，代表當今人類文化的一個特色，由此特色我們認識了人類文化的一些問題，如此而已。

「大衆科學」第四卷第五期，總號三十六期民國七十二年六月號

人、自然、科學

今天地球上的自然界與人文景觀已被人類大大地改變了，而人在探尋和改造自然的同時，也在探索自己，我們如何去解釋我們在做些什麼？換句話說，人是自然中一個有意識的個體，什麼是他所瞭解的自然？人與自然的關係如何？而各種科學的知識，又如何結合而構成整體的了解呢？

在傳統的西方，心與身及主體與客體的二分法，早已在柏拉圖時代的科學思想中確立，伽利略及笛卡兒等人將它衍生至近代，認爲自然中的一切，包括人類的肉身，是冷靜而客觀的存在；而心靈可以藉助數學來描述這外在的、機械的自然，甚或將自然控制改造，這對外在的自然固然是一種征服，對人類本身，又何嘗不是一種自我對立割裂征服慾的發揚。

在今日已有許多人對這種重視外在實體的思想提出異議並企圖消融，此中波伯(K. Popper)算是一員健將，他認爲生物不只活在一個天然物質所組成的客觀世界（「第一類世界」）及一個主觀的心靈世界（「第二類世界」）裏，還活在一個由心靈作用造成（不一定是有意的）但有客觀結構的世界裏，這「第三類世界」包括我們整個文化的遺產；一切觀點、藝術、科學、語言、倫理及制度，只要是能夠保存在第一類世界諸如頭腦、書本、影片及電腦等東西中，就構成第三類世界的一部份。第三類世界可因人類創造性的否認或發揚，而不斷滋長改變。人也在這互動的過程中變成自我，在除錯的過程中找到自己，一則可讓理論去死，不讓自己去死；二則第三類世界理論的提出表象世界是個整體的世界，相互關聯，人類應當在具創造性的想像力下，由除錯過程擴展經驗的世界，這時語言及數學正是陳述關係的良材。

正如卡西勒（E. Cassirer）所說，數學是一套極普遍的符號語言，在符號和對象之間不能有截然的分別，符號不僅解釋對象，並確定地取代對象事物的地位，也就是說數學不只是對可見或不可見事物的研究，而是關係和關係類型的研究。

數學不只描述事物，而是對事物關係的一種創造，意卽自然本身只包含個別和歧異的現象，如果我們將這些現象歸於類別概念和普遍律則之下，我們不只是描述自然的事實，每一個人爲系統都是一件藝術品，都是透過人創造活動的結果。換句話說，自然科學是自然與人互動的結果，我們認識的自然是人爲探究方法下的自然，並無所謂自然本身。

這一來，自然科學卽是陳述自然與人的關係，物理學中的量子論也是揭露宇宙根本的相互聯繫性，使我們看宇宙不是物理對象的集合體，卻是「合一整體」裏許多部份之間複雜蛛網般的關係，故電子等基本粒子與其說是實體，不如說是各種交互作用的展現。波爾（N. Bohr）就曾說：

「孤立的粒子是抽象的，只有透過跟其他物系的相互關係才能夠確定並觀察它的性質。」此中還蘊含一個人類探索自然的根本糾結，就是被觀察的物系需要被孤立以便「確定」，卻又要相互作用，以俾「觀察」。不僅量子論如此重視關係，相對論也是如此，愛因斯坦奉行終生的馬赫原則，就是聲明有形物體的惰性（慣性，即物體抵抗加速的性質）不是物質的內在本性，而是它們與宇宙一切其他部份相互作用的衡量。而愛因斯坦重力（萬有引力）質量與慣性質量的等值就充分顯示了這種意義。

不僅物理科學重視創造，重視關係，生物科學也有類似的呼聲，當今顯學之一的生態學即認爲包括人類在內的自然環境，是複雜回饋下的動態關聯網絡。一味的盲目開發，會帶來生態關係的解體與人類的消亡，因此他們呼籲「衆鳥欣有託，吾亦愛吾廬」，安排好了生生萬物的秩序，才能安排好我們人類。在這種觀念下，自會認識自然是個相互關聯的整體，而不是待征服的客體，要求的是動態的和諧，而不是予取予求了。

也就是說，動態和諧要求的是創造，而不是毀滅。當然「創造」與「毀滅」是一刀兩刃，因此生態學者汲汲於呼籲如是的自然哲學——尊重關聯，順其自然地開發，並再從整體關聯的角度來重新檢討人類的知識。以前的人認爲瞭解宇宙的最好方法是弄清楚組成宇宙的最小單元，造成物理學裏原子的概念，生物學裏有機分子的探索，現在則認爲「關係網絡是更重要的探求；物理學的例子前已述及；生物學的例子則如醫療社會學的興起。影響數世紀的細菌病毒學說受到有力的挑戰，現在知道細菌或病毒雖是致病的必要條件，但不是充分條件，個體差異與社會環境等生理與心理之殊異已經引起不少人的重視。

文化差異的認識與接納也是近來人類文化特色之一，西方人透過其發展模式的成功與失敗，開始平等看待殊異的文化，如科學史家席文（N. Sivin）卽曾有如下的說法：「科學與技術已經散佈於全世界，但是仍然沒有超越歐洲的思想模式。眞正的世界性，是需要現代科技與文化的歧異性共存和交流，而不只是一個不切實際的標準化的工具。」這表示除了文化外，中國在科學上也有特殊的模式，重新檢驗「現代西方是成功者，其他文明是失敗者」這個假設。

我也瞭解卽使弄淸楚中國文化或科學的發展模式，也未必值得我們及人類重新學習，但瞭解過去至少是展望將來的前提之一，遂略言數語。中國文化的特色之一便是「關係」的强調，在人與人，人與自然間都强調彼此的關係。打個比喩說：往好的講同居雞犬亦可升天，往壞的講誅九族、黑五類也不在話下，往往强調個體在網絡上的關係，而忽略個體本身。陰陽五行重視的也是消長生尅的關係，而少認爲是萬物的元素，一切變化講求的是整體的動態和諧，人文上主張順天行事，自然上也要求「斧斤以時入山林」，一切要配合自然的韻律。當然我們仍要重視人的創造性，如「贊天地之化育」等，也就是說「順其自然」，而不是「任其自然」，但這仍然强調相互關係。而大量使用類比思考也是如此。

當然中國文化强調的「關係」與西方近代思潮中的「關係」是否同質，或不管同質不同質，是否相互啓發，在在都需要小心的探討，但至少「無窮的創造，普遍的和諧」都是兩者共同追求的鵠的。

「大衆科學」五卷二期，民國七十三年二月

對「科學探求」的幾點探求

「勝時尋芳泗水濱，無限光景一時新，等閒識得東風面，萬紫千紅總是春。」（朱熹詩）

我們可以這麼說：所有科學與文化的形上假設是「這個世界是有序的，而人可以找出這秩序」，這種找尋與探求是人類了解世界，創造文明之淵源。我們還可以說，科學的探求是「文化探求」的一部分，或說科學系統是文化系統的一個次級系統，科學探求的進路有其特色，但也有文化探求的一般共相，因此現在對科學探求的檢討，也是對當今文化樣態的貞定反省。

不少抱持直線時間觀的人士，認爲千百年來，固然批評科學者所在多有，但兩岸猿聲縱使啼不住，科學的輕舟早已過了萬重山，科技文明在進步，也一直會滾雪球狀的進步下去，趨新幾乎可等同於趨好，過去的錯誤與成功都已成過去，沒有時間，也沒有必要去反顧。但抱持多元，多向發展觀的人士却認爲歷史的發展不是如此單向的，科技文明固已有不少的成就，但「道隱於小成」，有時成就的嶺樹會重重遮住了千里目的視野，人類多少方向的尋求，多少路程的奔趕，但往往走回了原來的軌轍，文明的發展「江流曲似九廻腸」，是有轉折的，對轉折的定省可以開拓我們的文化視野，發展新的理性的動力，不至於泛濫成另一個洪荒，茫茫的進入大海。

下面便開始我們的定省，擦亮擦亮一下我們的眼睛。

一般人心目中的科學探求

一般人都認爲科學是求眞的事業，找出萬事萬物的事實眞相，「致眞」先起於觀察和實驗，再歸納之以求通則，再由通則得到理論，演繹以求新的大用，在科學的探求中，是起之於事實，也終之於事實，事實是容易判定的，也爲最後的判定標準，事實的累積就是科學的成就，後來的人也一點一滴再推上去。並且不能用事實證明的，便沒有認知上的價值與意義，這種理論也就是玄學，不是科學，科學的探求不涉及任何的情感與價值，卽所謂的「價值中立」，科學只問事實是如何，而不問爲了什麼這樣做，且只要我們一步步的分析下去，找尋事實，形構理論，簡單方便，迅速確實的最後眞理一定會到來，大自然也終會爲人所役使，科學可上探星空，下平河嶽，帶給人類幸福，只要不斷的發展開發，就會越來越好……。

這種觀念可說早已深入人心，我們也不能說這種觀念大錯，只是科學探求果眞如是單純，人們也可如是樂觀嗎？相反的，我認爲科學探求的本身就是複雜的，價值與理性交織的，時至今日，科學的探求早已成爲人類文化探求中的一環，對這一環的貞定，是有助於整體的人類文化的。且分幾點來貞定探求一下。

觀察與理論，量度與數學

一般人都認爲科學的初步是觀察與實驗，前者是被動的注目情境與事實，後者則透過主動的安排，其實實驗就是廣義的觀察，只是情境由我們安排罷了。再者，觀察也必須與感知區別開來，因爲感知是通過感官純被動的接受外界來的一切刺激，觀察則至少預設了一種注意力及對象，所以觀察是有選擇性的，需要一個固定的對象，一件明確的任務，一股興趣，一個觀點，還有一個問題。所以腦中事先沒有疑問，沒有假設之下的觀察是不可能的，而那些疑問及假設實際上就是離形的理論。如波義耳如未持有空氣是流體，而流體如水是有壓力的，氣體又會佔據容器的整個空間這觀念，他也無法想起並設計去探討氣體壓力、體積間的關係。所以我們要說理論假設的獲得之前有較離形的觀察，觀察之前有較離形的理論，兩者是互動交感的。不經詮釋的事實沒有多大的意義，在科學中是沒有所謂「純事實」的，且詮釋有時還可能是多重的，所以「事實是最後的權衡」這句話是有條件的，下一節還會提到。

再者近代科學在觀察量度下所獲得的理論是形式化的，即是抽象化後要用數學來架構，但數學不過是用做科學探討的工具而已，如果計算與觀察不能完全符合，沒有理由提昇任何一方，也沒有理由背棄任何一個，符合度不佳是因爲少計入了某些事情，而不是我們可以不要數學，或不要觀察。也就是說在問題未完全解決前，可以根據理論在其他方面的符合度，而保留下你的判斷，等待足資說明的證明到來。譬如依哥白尼的理論，金星係繞日而非繞地運行，這一來與地球在太陽相異側（遠地點）的金星，應比與地球在同側時顯得遠而小，但目睹下沒有那麼大的大小變化，這成為哥氏理論的一大缺憾，但哥白尼面對這與感官經驗似乎矛盾的事實，却根據其理論在行星運行軌道計算上的正確，保留了他的判斷，直到後來伽利略用望遠鏡發現了金星有與月亮一樣的盈虧現象，遠地點時面對地球的是滿月面，近地點時則是新月，因此目睹大小變化很少，解決了這個異例。

因此我們可以說自伽利略以來的近代科學是理論與觀察的結合，數學與量度的相契，是知中有行，行中有知的。在此順便附帶一句，中國的經脈、穴道、針灸，我們也是要存而不論，以俟將來的。

歸納與心理，真假與益證

自培根以後，大家都了解經驗科學的理論是由有限的事例去推想通則得來的，而名之曰「歸納」，邏輯經驗論者甚至認為形式化的歸納邏輯是可以找到的，但波伯（K. Popper）認為所有的理論都是人類心智的創造，而創造是心理的過程，不是邏輯的過程，沒有什麼淸晰的邏輯適合各類的創造，所以「心具衆理，不假外求」，科學方法中言之鑿鑿的歸納法其實是一神話，創造是沒有什麼一定的章法的，這在科學與在人文中一樣的眞確。

不過理論固可內創，但一則理論的激發來自觀察，二則理論是必須外證的，也就是說理論是人類用來描繪大自然的圖象；既是圖象，則必須在自然現象界求證其諸多大用，這一來就保障了理論的客觀性與運作性，但又既是圖象，是觀念的創造，必爲心智的創造無疑；現代藝術明確告訴我們這一點，只不過因爲人是有限的存在，而「於理有未窮，故其知有不盡也」，這些圖象會一再更替就是了，而這種更替也表示了知識的演化性。所以「科學是已成立事實的集合」這觀念是錯的，因爲科學中沒有任何一滴知識是永遠成立的。

因是所有的知識都必須面對「否證」的考驗，而每一次考驗的通過就是理論益證度（Degree of Corroboration）的增加，但仍必須曝於新的「否證」的可能中，也就是清晰無誤的確定證明是沒有的，有的只是優勢證明，這在邏輯上來講，便是再多的符合事例也不能肯定一個全稱的命題，但只要一個確實的反例就可以否定一個全稱命題（所謂全稱命題就是「所有的X都有Y」這樣的命題），這裏必須確實的才叫反例，否則只是異例，是可以保留以俟將來的。

再者，既然理論是要外證的，知識理論提出後，就成了客觀的存在，而位於波伯所稱的第三類世界中。所謂第三類世界，指的是人類的創造，諸如理論、制器、制度，客觀化後的存在，人類，尤其是文明的人類，大抵便是生活於第三類世界之中。

而一般認爲眞確的理論，才能得到眞確有用的結論，其實這也是不盡然的，假的前提一樣可得到眞的結論，科學史上有很多假前提得到眞結論，而後前提被證實爲假以後，眞結論再根據到更堅實的理論基礎之上。譬如伽利略曾用地球的轉動來解釋潮汐，日後才發現潮汐是來自日月對海水的萬有引力。另外托勒密的天文學也是一例，地中心說照樣可做天文與曆法上的運算，錯失也並未大到不可置信。且在邏輯上假前提得到眞結論是可能的，邏輯所能够確立的只是眞前提不會導出假結論而已。

再者，一個理論的有用沒用也不是看其眞確與否，或然率高的話語有時對理論的創展是沒有意義的，如「沒有八條腿的人」或然率極高，但對科學無大意義。相反的，或然率即使低，但對事理內容的傳達度高，對後學開了路，才是有用的科學理論；換句話說，有用的理論不在乎清晰無誤，而在乎內容的優勢，我們無法證實論定某一理論，但可以選擇優勢的理論。

整體與分析，視野與典範

這三百年來，在機械論的典範下，將大自然視爲一可分析的客觀實在，人類在對立下可將其征服與役使，科學脫離了神學與哲學的母胎後，講求的是價值與自然的分離，即所謂「價值中立」，只回答「如何」的問題，不再管「爲了什麼」的問題，人可以將自然與人類做冷冰冰的機械處理，分析其組成部分，因此在各門科學上都有化約主義的傾向。一方面社會現象可化約爲生現象，生物現象可化約爲物理化學現象，一方面在物理化學上由物體至分子、原子，乃至更微小的基本粒子；在生物學上是由個體，組織到細胞，或由可見生物到細菌，乃至更微小的病毒。有的科學家甚至認爲癌症與衰老是因爲某種病毒所引起，精神疾患，如精神分裂也由病毒所引起等。這種化約主義認爲了解自然最好的方法，是將它化解成最小的組成部分；但整體主義的假定恰巧相反，它以注意構成整個系統的相互關係作爲了解自然的最好方法，且整體的屬性是不能由其組成部分的屬性得來，就好像水的屬性無法自氫和氧的屬性得知一樣。這種觀點與信仰的改宗可以崛起於廿世紀的生態學爲代表。

生態學把地球視爲一個整體，在生態系中，所有被觀察的事物都與其他任何一件事物相關，不僅如此，他們之間也沒有線性關係，每一個「果」也是自然相互依賴網中的「因」，當然並非所有的關係同等重要，大部分是間接相關的，但就一般而論，相互依賴是全面的。而人類也是這關聯網的一員，人類最好學習著與大自然和諧相處，不要一味只顧著開發，因爲過分近視的干預征服是會毀了自己的，必須生生物物安頓好了，才能安頓好我們人類自己。且生態學認爲「複雜性」「多樣性」是促成大自然穩定的主要方法，因爲由「複雜性」「多樣性」所形成的制衡作用才得以維護整個系統的穩定與持續，而整體的生存也確保了部分的生存。我們似乎還可以這麼說，生態學是由關聯網的分析來建立整體性的考慮的，也正是由分析的犀利建立了整體的圓融。

而由化約主義的分析轉進到在分析中求整合的考慮是觀念的變遷，價值的更替，心態的革新，套句孔恩（T. Kuhn）的術語，是典範的更替，這種更替開拓了視野，而不僅僅是工具、方法的變化而已，因此我極服膺 T. Pascale 的一句話：「人，與其說受制於工具，不如說受制於視野。」

綜談與建議，科學與文化

以上的分析與探討針砭了不少直線進步論者過份簡單的眞理觀，以及對事實的過分崇拜，而認爲任何事實不經理論觀點的詮釋是沒有意義的。另外化約主義的不足也使人重拾整體的進路，本來人類以往文明的發展是由「生命」(Bios) 走向「純理」(Logos)，但現在發現「純理」如不與「生命」結合，「純理」的境界不但不高，且會危及「生存」，因是價值與理性的再度結合，多樣性、複雜性的強調就很自然了。而傳統的中國，在自然觀裏強調的是有機關聯的陰陽五行說，這種整體關連，相尅相生的理論是否對重拾整體的科學趨向能有若干意義上、觀念上的啓發是值得我們好好探究的，至少在鍊氣養生，以及中醫的經脈、針灸，和中藥的運用方面，是值得我們去分析整合的。而在多樣性、複雜性的強調方面，也使我認識中國科技經驗的進路是值得探究的，科學並非只有簡單的一味模倣，人類將來的文明一定在普遍中而有其殊相的，何況人只有在歷史中才能開展出自身存在的意義，而不致沒頂消失啊！

再者，整體化、多樣化在文化上也使我們更認清了民主與自由的含義，沒有價值多元化的社會，是無法穩定發展的，且自由是在社會系統裏的自由，是與人相關的自由，每人皆應有追尋價值理想的同等機會與尊重，但這種自由是功能性的自主，功能性的自主是在群性的請求下達到「群龍無首」的境界，中國經典中常講的「仁」本爲「相人偶」，強調的就是原創的動力，必須在群性的講求中才得見，個人認爲中國的五經中在在激發著勃勃的生機，詩，書，易，禮，春秋中對自然的肯定，對群性的講求，對個人的尊重，都是活活潑潑的，雖然由於時代現實的顧慮，隱喻的成分居多。但除了官迷的君王儒有意的曲解外，有些儒者把大化的流行講到了個人一具臭皮囊的小德小行上，已是悲哀，如果今天我們還不能體悟經書中德智雙修，群已並重的深刻意義，一味在泛道德的成見下廻轉，以致配合時變的運作結構開展不出，那何止愧對先賢，在西方的衝激下，更會遺羞萬代。當然我的這番話是嫌簡略了，很多人可能認爲我是在無的放矢，希望將來我能好好的鋪張開來，也希望更多的人能先我開展，因爲這本是一群策群力的事業。「等閒識得東風面，萬紫千紅總是春」啊！

「益世雜誌」三十六期、七十二年九月號

附：探求「科學的探求」

一、科學探求中的「證明」

在今天這個時代，人們常說「我不信，你證明給我看」，所以現今，人們所要求及重視的，是「證明」。

在此，我們對科學上的「證明」作一分析。「證明」在這個時代，是學術上一個非常重要的概念。可是很多事重在訊息的傳達，而不要求證明。但我們還是要分析一下「證明」到底是採取一種什麼樣的態勢。

在科學探求中的證明，可分爲兩類，一是歸納證明，一是演繹的證明。

歸納：是從羅列的事實中去觀察、去發現其內在貫串的理路。比如：門得列夫觀察及整理各元素的 Data，而列出週期表，這就是一種歸納。道爾頓發現各元素原子量幾乎成一整數比，所以他提出原子論假說，這也是一個歸納。

演繹：從一個基本的假設，理論開始推演出每個「個例」會有什麼樣的特性，這就是演繹。比如從牛頓的三運動定律去討論行星的運動等現象，後來的天體力學家推算而發現海王星及其他行星。

歸納的證明是搜集經驗與事實所得到的一個通則。如人類從數萬年的觀察得知「太陽從東方升起」此爲一歸納的「命題」，但這種歸納的命題，就是再多的符合事例，也不能肯定它。換句話說，對了一百萬次的，將來也可能會錯。即我們每天看太陽自東方升起，但永遠不能保證明天太陽會自東方升起，我們只能說其或然率較高，但永遠不能肯定這種「全稱命題」。

演繹的證明是由前提的基本假設，配合實例的模型，如幾何學上有了平行的公設、點線的基本假設以後，我們可證明幾何學上的許多定理。有了氣體分子的模型，可推演出波義耳定律，這都是演繹的證明。但模型的提出是需要創造的智慧，而不是演繹的程序。所以歸納與演繹的邏輯只能去印證一個事物，而不能去發現一個事物，事物的發現完全是要靠創造的想像力，任何理論都需經過創造，而創造並非邏輯的過程，而是心理的過程。不能邏輯化，不是那麼機械的。創造常要用到聯想，類比，想像。演繹證明固然重要，但提出一個有意義的假設則更爲重要。如偉大的科學家，提出有意義的假設，開了一條研究發展的大路，使大家都有問題好做，在科學上，開闢一個新的領域，遠比解決一個既有的問題更爲重要。

演繹證明中，若前提所不包含的，則結論一定沒有。所以前提的「廣含度」非常重要。如亞里斯多德的三段論證卽爲一很典型的演繹證明。如大前提：凡人都會死。小前提：孔子是人。結論：孔子會死。但如大前提不變，則不能應用到：「瑪麗是小羊，瑪麗會死」。必須把大前提改爲「凡生物都會死」，換句話說，前提必須更廣地包含才行。故演繹的基本假設的提出，非常的重要。

克卜勒提出行星的軌道是橢圓，解決了很多問題，使數學上的處理變得很方便。這個突破使克卜勒得以不朽，所以說一個假設的提出在科學上是重要的。

一個假設的眞不眞，並沒有關係，只要能開一條路，大家去研究它，甚至去否證它，使科學能繼續走下去，才是重點，愈科學的命題其否證的命題愈多、愈好、愈有意義。科學上的很多理論是歪打正著的。基本假設是錯的，但可能結論是對的，經過人們的研究而對其前提（基本假設）加以修正，使之站於更穩實的基礎上。如從前講熱流體是無重量的，事實上熱是一種能量的形式，並非流體。但有了熱流這觀念，可把熱量與溫度分開，這在科學上非常重要，現在我們知道熱量是能量，溫度是平均動能的代表。

邏輯到底有何用處？我們說，眞前提依邏輯理論一定得到眞結論，亦可從假前提得到眞結論，故歷史上常有歪打正著的例子。我們提出一個理論，其發生域與其系統域要分開，發生是任何途徑都可以，可任意去想像，但發生了以後，你的理論納入了系統，不能自我矛盾。

提出一個理論，並不是用一個事例就可把其反證掉，因可能原先命題並蘊含尚未發現的「輔助假設」。如用安培表來量電流，我們必須先假設安培表功能一切正常，有此輔助假設，電流的測量才符合電路定律。所以我們常常否證的，只是其輔助假設，而不是命題本身。所以反證往往只是「異例」。如果更進一步探討及解決即可消除此異例。

科學上的模型有兩個要件，一是「內部原則」，是憑你的想像力來建立。另外是「媒介原則」，是從內部原則推出來，做某些可度量可探測的量。如由氣體的動力學模型，想像氣體是完全彈性體的粒子，其媒介原則是，氣體對氣壁的平均撞擊，動量變化是壓力，平均動能是溫度，如此一來，由氣體的模型（內部原則），經媒介原則使很多氣體的問題都可解決，如波義耳定律、擴散定律。

二、以西方物理學史為例來看科技問題是文化問題

在希臘時代，建立了各種數學模型的概念，希臘最有名的演繹系統就是歐氏幾何，用理論抽象的系統來描述自然界的事物。後來的基督教世界綜合了希臘文明與希伯來文明。以前的希臘講的數學是理想的世界，這理想世界到了基督教的興起後，變成了基督教的天堂。到了中世紀大學從修道院中興起，基督教上出了個大師湯瑪士．阿奎那，他把從阿拉伯人那裡重新發現的希臘文明的理性精神與神學作一大的結合，也把亞里斯多德的物理學整合進去了，所以其神學稱為理性神學，不僅可以經由信仰，亦可經由理性來證明上帝的偉大。因有理性的神學走在前面，才會引

起後來的文藝復興與科學革命。伽利略說，我從大自然去接近上帝，可能比從聖經去接近上帝更容易接近上帝。在科學的發展上是與哲學不可分的，哲學一有了新的詮釋，我們對自然界、對世界，我們的自然觀與世界觀有了改變後，科學才有改變，這是所謂科學的形上學基礎。克卜勒亦是虔誠的敎徒，他每完成一項計算，卽寫一首讚美詩，讚美上帝安排如此偉大的宇宙。講到絕對時間與絕對空間的概念，愛因斯坦主張時間的量度必須依賴空間，空間的量度必須依賴時間。但牛頓說，時間量度可不依賴空間、空間的量度可不依賴時間。牛頓把其力學安放在上帝的無所不在無所不知。故牛頓的科學觀與神學觀是有密切的關係。

西方的科學發展，一直是在脫離上帝的途徑中去接近上帝。他們的精神仍是從哲學的精神而來的。所以我們知道，在西方科學、哲學、神學是血乳交融，同一脈絡的。

西方科學與文化有密切的關係，伽利略與牛頓以後，笛卡兒認爲人是上帝的選民，因此人可控制世界。西方有一條路是機械的物理學，另一條路，他們認爲歐洲人是上帝的選民，他們必須去傳上帝的福音，其殖民主義與帝國主義也是從此思想而來的。因爲有了征服自然的概念，才往物理的領域發展。同時在人文方面，也反應出來他們的殖民主義與帝國主義。

學習西方的科學並不需要從其原始的路開始走，他們的成功與缺點擺在我們面前，西方的科學是在偶然中的必然下發展出來的。他們有其長處與短處，我們無需按步就班地走其原路，因我們無其哲學與神學。不過我們需注意的是要使科學生根的生態條件，是要符合我們本身的文化，我們必須了解，從古至今，中國人是如何認識自然，他的認知模式是如何？如此我們才不致一直跟著別人走，而不能自己有所創新。

西方研究科學的手法是抽象與孤離，抽象是對事物建立一個概念系統，孤離是去除一些影響小及尚未知道受影響的因子，把它簡化起來，如此才可做數學描述。

西方把自然界分爲初性與次性，初性包括形狀、大小、運動，將感官知覺的特性分開了，專門討論初性的物理世界，牛頓的系統即依此來建立，是很抽象、很系統化、數學化，另外控制一事件的變因來討論事件，都是西方科學的手法。

西方的「化約論」說，我們了解了宇宙的基本單元，我們就了解了宇宙，把生物學化約成物理學與化學。把生物體內物理化學的作用都了解了，生物也就了解了。但物理化學的理論不能完全地描述生物的理論，生物學上的理論也不能完全描述社會科學的理論。

近代西方一些智者認爲人是自然界的詮釋而非主宰者，波爾說「我們是在與自然對話，而不是在做客觀地研究自然，我們不但是自然界的觀衆，更是自然界的演員」。我們不能說自然的本質是什麼，我們只能去描述自然。

中國人的思考是一種關聯性的思考，強調自然界關係是複雜如網，沒有簡單的因果關係。

懷德海對西方抽象的數學系統的普徧性有所懷疑。如有人看一紅花，說紅花只是一假象，他只看到原子與分子的振動。這是個謬誤。因紅花是一具體的東西，原子分子只是我們一個詮釋的方式，一個描繪的圖象，如果把原子分子的概念，取代紅花這具有生命的概念，這是一種具體性誤置的謬誤。我們無法知道自然界的本質，我們只是用我們的方式描述自然。

中國是「整體主義」，強調關係。陰陽五行不是元素，而是關係的代表，這是中國的自然觀。所謂「同類相應，異類相感」這是物跟物之間產生感應，包括天人的感應，強調「類異」的概念。「類」的觀念肯定自然界的複雜性與差異性，中國強調要有「差異」才有和諧，有差異才能够生存。所以中國的和諧是一種「異質和諧」，物質間要有差異存在才能維持和諧與穩定。差異是維持生存需要而非「故意」。中國的差異有所謂「對立調和統一論」，宇宙間要有對立的關係才能够存在，陰陽亦要對立及諧和。對立會形成一種「對偶」的關係，如陰陽、男女，雖對立但相互影響而調和的。故中國強調的是具體性的事物，跟希臘抽象性的事物有所不同。

中國講求感應觀念，比如東漢候風地動儀的創造，是根據感應的觀念，這是其形上學的基礎。另外中國很早就做出指南針，因天地就是一種感應的關係，中國人應用以測方向。以上主要是提出中國與西方認知方式之不同。

（淡江大學陳禹彰記錄）

科學通俗化、社會化的文化意義

近年來社會各界對於必須使科學通俗化、社會化的努力頗爲認同，如有人呼籲一些做專技論文的科學家多做社會回饋的工作；政府對通俗科學雜誌也有了精神和實質上的鼓勵，這種對面的紮根，而不僅是點的突破的肯定，毋寧是令人心喜的。

注意科技本土化

但如果科學的通俗化和社會化僅限於類似「科學新知」的介紹，則未免層次太低，多少有點「買辦式」的心態和作法了。我認爲科學的通俗化和社會化應有更深一層的文化意義；除了加深科學基礎的培養和注重科學普遍水平的提高外，最重要的是在通俗化、社會化的努力中也要注意「科技本土化」的需求，注重我們這個社會生活上所呈現出科學問題的發掘、探討和解決，以及本土科學事物的報導等。諸如「臺灣的農業科技探討」、「適宜臺灣的垃圾處理科技」、「機器人科技對臺灣的實質意義」、「清潔劑對臺灣生態環境的影響」、「多氯聯苯致病的生化探討」、

「臺灣的核能設置與處理」、「肝炎疫苗對臺灣的實質意義」等等。

當然這只是生活中、社會上所呈現科學問題的報導與分析，有些不見得是能完全通俗化的，但既然這是大衆的問題，我們就必需盡可能使其通俗化，否則就失去了面對大衆的意義。其次在生活中的一些科技現象也是要通俗到大衆的，諸如電冰箱的原理、微波烤爐不用火怎麼能熟物，化糞池的原理及對現代化生活的影響，感冒的病理分析，天氣圖的認識，塑膠的原理與現況及對環境汚染的影響，甚至棒球變化球的物理詮釋，以及老掉牙的天空、海洋爲什麼是藍的，而海浪、雲霧却是白的，都值得介紹。

上面所提到的還只是生活上、社會上的一些問題與事實，看起來與文化似乎沒有多大直接的關聯，雖然社會現象正是文化現象的一部分，而注重社會化也正是注重與文化傳統結合的一部分。因此在下面我要談的更原則化與理想化一點。

在歷史中找出意義

現代科技大踏步地將人類社會納入普遍化、類同化的境地，但文化與社會却是一個歷史性的生活團體；文化是在時間中成長發展，創造力表現的總合；處於社會，承接傳統是我們了解自己並了解世界的唯一憑藉，當然今天我們所面臨與隸屬的已不止是一個傳統，也有西方的傳統與現代，因此必須向別的傳統開放。但仍然可以肯定的是：人必須在歷史中始能開展出自身存在的意義，否則在普遍化、類同化的浪滔中就只有捲入別人的意識型態中而消失了。

再者，過去科學界普遍認爲歷史上的事物無助於科學的新發展；這是因爲大家抱著直線時間觀，認爲科學一定是進步的，斷定過去的錯誤不能提供現代任何助力。但現在的看法改變，科學史反而成爲科學家認識自己，反省科學的重要憑藉。我們發現某一典範形式的科學走窮之後，往往需要回頭對經典做理論上的汲引及啓發，以便再進一步的出航。甚至無論中外，我們要檢討我們是在怎樣的自然觀下，運作方法下走到今日；是否會因一度的成功，而迷信征服自然，役使萬物的機械哲學。不少思想家已認爲今天的科技世界，由於過分偏重結構與系統，反使意義轉爲空虛；如何轉化這時代的意義危機，止需要嶄新的自然與人文精神的結合；因爲科學固然消極地解化了不少的人文組合，但也提供了新的整合契機。這就有待對傳統科技經驗精神的體認，與對新的結構系統的綜合把握了。

人創造了科學

在中國的天地人三才裏，對天地自然的探究，人是出發點，也是歸向點，卽自然秩序的發掘創造，或說自然科學的建立都是爲了人生的，也就是要「爲人生而知識」，而不只是「爲知識而知識」，知識絕對有它的社會責任。二十世紀的量子物理學家維薩克（Von Weissaker）說的好：「自然先於人，人先於自然科學」；一切的自然科學都是人的創造，不應喧賓奪主，擺在人與自然本身之前，所謂生態維護，所謂「爲人生而知識」的旨趣精神都在於此。

在今天的科學教育裏，科學的這重文化意義已幾乎消失，更嚴重的是自小學、中學而大學，所有的科學教本，一切的例題、習題都是舶來品，講三角，擧例是金字塔，而不是周公測景臺的表尺，算術中也是西化的題目，而不是九章算術等典籍中的題目，至於天文星座全是西方的人馬座、獵戶座，那些大都來自西方的希臘神話，中國的天象圖除了牛郞織女還留有一點迴響外，似乎都不存在而消失了……，諸如此類，擧不勝擧，在這樣科學教育成長下的一代，自然認爲所有的科學都來自西方，中國沒有科學，而需求全盤西化了。我希望我們的科學教育，以及通俗科學刋物能做到起碼的標準，否則侈談科技本土化，科學的文化意義都是空口說白話。

科學教育不止是趨新

而我之所以如是喋喋，不外乎是強調科學通俗化與社會化中的文化意義，我們的科學教育應是在「關懷臺灣，擁抱中國，放眼天下」的大前提下做的，過分的「尖端」，一味的趨新，是歧途而非正道，願我國關心科學教育的人士，三省斯言。

「時報雜誌」三〇三期，民國七十四年九月十八日

附錄：中西時間觀與變化觀的比較

李約瑟著　劉君燦譯

本文是李約瑟在中文大學錢穆講座所發表的講辭之一，內容則以分述歐西希臘的循環時間觀及基督教文明的直線時間觀，並討論歐西科技文明所受時間觀的影響，李約瑟同時引用大量的史實來說明中國科技文明所顯現的發展時間觀，說明中國並非是某些西人所謂的「無時間感的東方」（Timeles Orient），因此時間觀並不構成阻止科技發展的「意底牢結」，十六世紀後中國科技之無法現代化另有多重的原因，其責不在「時間觀」上。

今天下午我要談談中國與西方對待時間和變化的態度，我不認爲我能夠提供各位什麼新的東西，並且我還要節略掉大部分，因爲講演的時間太短，不可能把東西方對時間的態度作一通盤的俯察。（在此附帶一句，我最不願強分所謂「東方」與「西方」，因爲同屬東方的阿拉伯、印度和中國之間的差異程度有時比東西方的差異更大。）當然，我們必須考察一下所謂「循環的時間觀」(cyclical time) 和「連續的時間觀」(continuons time),而後我喜歡說一點遠古發明家被奉爲神明的現象,以及古代工藝狀況的及時承認等,這是科學史上最重要的外觀之一。最後要討論一下科學與知識是歷代累積的合作事業;以及歐洲文明,基督教國和近代科學啓動時的時間觀,中國的時間觀更是少不了的。

我們可以說中國文化中的永恒哲學 (philosophia parennis) 是一種有機自然主義 (organic naturalism),此中毫無疑問地接受了時間的重要與實在,這一點與下面的事實有必然性的關聯,即雖然中國哲學史上不乏形上唯心論 (metaphyical idealism),甚至在許多時代也獲得相當的成功,爲人欣賞 (如佛教在六朝和唐代的稱雄,或十六世紀中王陽明的弟子們等),但在中國思想史上,唯心論從未眞正地擺脫附屬角色的地位。因此主觀性的時間觀念絕不是中國思想的特徵。

雖然在此所說的是古代和中世紀,或說是傳統的思想,而非思辨性的近代觀念,我們仍可認爲古代道家很清晰地預示了近代時間觀,或說是相對主義 (relativism)。然而在各時代中,不論是興茂或衰微,時間的本身對中國心靈而言,是無可逃避的實在;就此一點而言,就與印度文明的精神有强烈的對比,中國的時間觀使中國井然有序,比舊世界西方一隅同屬溫帶氣候下的居民有序得多了。

在戰國時代,除了道家外,還有墨家與講求邏輯的名家,他們的思想與古希臘的科學思想一比，顯得非常的進步。墨家學者已近乎具有時間和運動相關函數概念的形式化。古希臘的斯多亞學派（Stoics），固然十分强調連續性的以太介質，不强調原子化的宇宙，首先發展多值邏輯，也掌握了函數觀念的某些要點，卻無法更進一步，因爲他們無法推想時間可以做爲一個獨立的變數，而以現象做其函數，到了文藝復興時代，物理學數學化後，西歐才用解析幾何來描述運動，如認爲位置的改變爲時間的函數這些觀念等。

對亞里斯多德領導的逍遙學派（Peripateticism）學者而言，時間無寧是循環的，而較少認爲是綫性的，在這點上他們很像古印度的學者。他們無法想像時間是可以從任意零點，伸展到無限的座標，（這正如同空間的抽象座標，同爲一個可用數學處理的幾何因次）而將時間如是座標化正是伽利略能做和所做的。墨家沒有像歐幾里得一樣的演繹幾何學，也的確沒有伽利略的物理學，但他們的陳述比之大多數古希臘的學者，更常給我們較爲近代化的印象；至於爲什麼墨家在而後的中國社會中不再發展，這個大問題恐怕就只有「科學社會學」（Sociology of Science）能够解答了。對亞里斯多德的大多數門徒而言，的確有些涉及時間的事物是非眞實的，這個觀點也爲後來大多數的新柏拉圖學派所傳承。在中國，佛教徒也持有類似的信念，並以之爲其幻界理論的一部分，但本土的中國哲學家卻從未如此。我認爲王煜和劉述先會同意我在此所說的話。

世界上沒有任何一個文明會像中國文明一樣，在其經典中對遠古發明家與改進者表達了崇高的敬意與翔實的記錄；也許也沒有任何文化會對遠古的制器聖賢奉若神明地如是久遠。在中國教典，或說是工藝辭書，發明與發現的記錄，形成了中國文學中特出的一個類型，此中最早的也許是「世本」。其上大部分僅列舉了傳說中或半傳說中的文化英雄與發明家的姓名與功績，通常是黃帝的左右從臣，這構成了傳統的工藝學問，與古地中海的技藝神明比較，是豐富的多了。中國遠古，宿沙發明製鹽，奚仲發明造車，咎繇發明耕犂，公輸般發明轉磨，隸首發明計算。在此涉及了各類人物，如降格爲英雄的古代神祇，各行各業的庇護者，神話中的英雄附會到眞正的發明家等，因此某些名字在語源學上是極易識破的託附，最後附上歷史上眞確無誤的著名發明家，如前述的公輸般又叫魯班，而戰國時代就的確有魯班這麼一位巧匠。對此最可能的一種解說是「世本」，首先在元前二三四到二二八年間爲趙國人所輯集，較「呂氏春秋」的成書稍後，因此就有這樣的比附了。自東漢以後我們可以發現一打以上類似的書，中國士人對這種比附也一直樂此不疲，直到十五世紀明代羅欣所寫的「物源」仍然如此。

傳統發明家的熱愛獲得極大的贊譽，因爲他們大部分都被納入一本中國自然哲學最奧秘的經典——「易經」。這是一本很奇特的經典，它很可能起源於農夫占卜預兆的收集，以及許多古代占卜儀式的資料，最後以精緻的符號系統來解釋。我們都知道，這符號系統是六十四卦，用長橫符號「⚊」和兩短橫符號「⚋」的所有排列與組合而成。而既然每一爻都賦予了一個抽象觀念，整個系統就成了促成中國科學發展的觀念寶庫，這些符號被假設來代表外在世界中實際作用力的整個範疇。這本書後來被許多深智的心靈逐步增益，最後成爲世界經典中最引人注目的一本，對中國社會更有極大的威信，因此搞哲學的漢學家至今仍在努力鑽研。幾年前曾有人寫過有關「易經」中時間觀的文章，證明時間觀與「易經」主題密不可分。變化是不變的宇宙中唯一的事情。然而許多別的學者感覺到就整體而言，「易經」對中國自然科學的發展是有阻礙的，因爲「易經」誘人歇止於圖像式的解釋，而這解釋根本不是眞的解釋；我認爲這是一個空泛的疊床架屋的架構，一個有關自然奇妙性的歸檔系統，一輛智力馬車的乏味長途，而規避了進一步觀察和實驗的要求。

「易經」的成書年代是一個很困擾的問題，也許經文正文主要始於元前八世紀，雖然直到元前三世紀猶未定稿，而主要的評註，稱爲「十翼」的，可能還要晚到秦漢。「易經」「繫辭下傳」曾陳述了大發明與某些卦象間的奇妙關係，認爲文化英雄是由卦象而得到制器的概念，也就是說秦漢的學者認爲必需從卦象的觀念寶庫中找到發明產生的理由。因此諸如網罟、織物、制舟、宮室、弓弩、磨臼、和交易，所有這些都是從「離」「益」「大壯」「漁」「小過」等卦象中導出發明的。（「繫辭下傳」第二章的原文如下：

> 古者包犧氏之王天下也，仰則觀象於天，俯則觀法於地，觀鳥獸之文與地之宜，近取諸身，遠取諸物，於是始作八卦，以通神明之德，以類萬物之情。作結繩而爲罔罟，以佃以漁，蓋取諸離。包犧氏沒，神農氏作，斲木爲耜，揉木爲耒，耒耨之利，以敎天下，蓋取諸益。日中爲市，致天下之民，聚天下之貨，交易而退，各得其所，蓋取諸噬嗑。神農氏沒，黃帝堯

舜氏作，通其變使民不倦，神而化之使民宜之，易窮則變，變則通，通則久，是以自天祐之吉無不利，黃帝堯舜垂衣裳而天下治，蓋取諸乾坤。刳木爲舟，剡木爲楫，舟楫之利以濟不通，致遠以利天下，蓋取諸渙。服牛乘馬，引重致遠，以利天下，蓋取諸隨。重門擊柝，以待暴客，蓋取諸豫。斷木爲杵，掘地爲臼，臼杵之利，萬民以濟，蓋取諸小過。弦木爲弧，剡木爲矢，弧矢之利，以威天下，蓋取諸睽。上古穴居而野處，後世聖人易之以宮室，上棟下宇，以待風雨，蓋取諸大壯。古之葬者，厚衣之以薪，葬之中野，不封不樹，喪期無數，後世聖人易之以棺槨，蓋取諸大過。上古結繩而治，後世聖人易之以書契，百官以治，萬民以察，蓋取諸夬。）

我認爲這些主要要告訴我們，把所崇拜的工藝聖人納入「易經」壯觀的世界體系，才足以尊崇他們。

還有更多用具體禮拜儀式表達的尊崇。每一個在中國住過並在各省旅行過的人，一定會對許多美輪美奐的廟宇留下深切的印象，這些廟宇不只祭祀道教與佛教的神祇，也祭祀一些功在後世子裔的平常男女。有的紀念偉大的詩人，如成都的杜甫草堂；有的紀念偉大的軍人，如洛陽南郊的關公林，而紀念偉大工藝家的也不在少數。我曾有幸兩度看到對李冰的焚香禱敬；李冰是元前三世紀秦之蜀守，一位偉大的水利工程家，他在灌縣的廟，座落於在他領導下鑿穿的整座山的山肩旁，已有兩千年之久，這令人尊敬的工程將岷江分流爲二，至今仍然灌漑著五十英哩見方的田園，養育五百萬以上的人口。

祭祀創事制物者的廟宇包括了每一門科學與工藝，且爲百姓敬若神明，諸如隋唐時偉大的醫師與鍊丹家孫思邈；明代的宋笠也因完成了大運河最高處引汶水適當南北流的分流比例，使船隻得以通過這最高處，所以在死後該地就建立了一座紀念他的廟宇。並且香火也不只對男人燒，十三世紀後期的黃道婆，將海南島黎人在棉織上的捍、彈、紡、織之具傳入長江流域，並有所推進，因此受到棉產區村鎮的普遍崇拜，死後人們建立了許多廟宇來紀念她。

所以絕不可一味主張中國人不接受工藝的進展，只不過比起近代科學興起後，我們所慣知的進展速率，略顯緩慢而已，但接受進展這一點却是不容置疑的。在此暫且回到科學本身所造成人類知識的進展被接受承認的問題。

我們同時能看另一種很難預期的工藝進展觀念。在今天，人類文化進展的三個工藝階段的觀念，卽所謂石器時代，靑銅時代與鐵器時代的分期遞衍，已被認爲是現代所有考古學與史前史學的基石。但這塊基石的現代形式成形於一八三六年，那一年丹麥考古學家湯姆生（C. T. Thomson）恰任職哥本哈根的國家博物館館長，爲了使館中大量的收藏品安排有序，他就用了石、銅、鐵三階段的分期法。而在往後的十年中他打算將他的方法普遍化時，他的運氣也眞不壞，因爲他的丹麥同僚華爾沙（J. J. A. Worsae）依挖掘物所處地層的形成先後，爲該方法的首度普遍化奠下了充足的科學基礎。這樣就形成了遠古時代的基本分期法，成爲人類知識中永恒的一部分。

當然這種方法要爲人普遍接受還有不少限制因素，但總算第一次有人承認史前時代的人類的確製作了石器，這對瞭解地質學上地層形成與時間之間的有序關係是必要的，使人類能够脫離傳統依據聖經上的年代說法的牢籠，承認了人類遠古眞正情形的考古學上的證據。尤有進者，這也顯示出有必要將考古學上的發現與對金屬礦石分佈的瞭解，以及對銅，青銅和鐵生產的原始技術的瞭解關聯起來看。

然而湯姆生只不過是概念結晶化時的幸運兒而已，那種方法的一般概念在十六世紀中期以後，已經漸漸瀰漫開了，因爲十六世紀中期後，好奇地對他們所謂爲化石的探索者，已與當時的人文學者一樣，熟悉了希臘文和拉丁文的教本，他們一定讀過羅馬詩人留克利希阿斯（Lucretius) *De Rerum Natura* 一詩第五節中的下述幾行，其中明示了石、銅、鐵的三期分法，我們翻譯如下：

人最古老的武器是自己的手掌，指甲和牙齒，
石頭與取自林樹的枝椏也是，
一旦火焰的威力爲人所知，
鐵與青銅就效命於人；
然而青銅較鐵早些聽命，

因爲青銅性較柔適，

數量也較豐饒……。

留克利希阿斯寫這首詩時大約是元前六十年，而這幾行詩至多也不過能被認爲是純靠抽象思索得來的文明發展架構，但我却不敢確說，留克利希阿斯本人絕未獨占鰲頭！然而無論如何，與他同時代的中國人的確與他一樣討論過同樣的事，也一樣體認到人類從蠻荒中掙扎而出的隨時間的成長，也許與他同時代的中國人更確定，也更知道他們所持看法的一些理由。

〔越絕書〕（傳爲越國所遺失的文獻紀錄）一向被認爲是後漢袁康所輯著，這本書完成於元前五十二年，書中的確用了一些古代的資料，在談到製寶劍匠人的那一篇中，有一段楚王與幕客風胡子的談話：

「楚王曰：夫劍鐵耳，固能有精神若比乎？風胡子對曰：時各有使然，軒轅、神農、赫胥之時，以石爲兵，斷樹木爲宮室，死而龍臧，夫神聖主使然。至黃帝之時，以玉爲兵，以伐樹木爲宮室，鑿地，夫玉亦神物也，又遇聖主使然，死而龍臧。禹穴之時，以銅爲兵，以鑿伊闕，通龍門，決江導河，東注於東海，天下通平，治爲宮室，豈非聖主之力哉？當此之時，作鐵兵，威服三軍，天下聞之，莫敢不服，此亦鐵兵之神，大王有聖德。楚王曰：寡人聞命矣！」

因此在這裏似乎可插入一「新石器時代」（玉）的次期，（玉）可能意味品質較好的石頭，而中國也有了與留克利希阿斯一樣清晰的分期觀念，而且袁康的著作還有兩大好處。第一他屬於一明確的傳統。如果我們一覽戰國諸子的著作，我們會一而再，再而三的發現，他們都很生動地記下了人類是如何經由各階段的生活努力而達到晚周的高度文明。自元前五世紀以來的道家和法家，寫出了有關古史和社會進化極具科學性的敍述，在他們的作品中有古代堯舜的史詩，如編年體式的〔竹書紀年〕即曾有所銘記，〔竹書紀年〕是魏國傳下的教本，一如〔春秋〕是魯國傳發出的教本，其上列述了許多文化英雄和發明家，而除了許多神話性的傳述外，可說已完全構成了〔世本〕上的體材。在這些著作中，他們自覺地參考當時周遭一些未開化的東夷西戎等的風俗來定他們的文化分期秩序。他們談到人曾在樹上結巢而居，或居於地穴，包括山洞之中；和集藏食物，火和熟食的起源，首先製作衣裳，陶器工藝的發展，以及在甲骨上寫字等。〔韓非子〕書中曾提到由余對秦王的談話，充分顯示〔韓非子〕作者的確見過新石器時代的陶器，既包含彩陶，也有黑陶，也見過具鮮明浮雕的商代青銅器。其上也有類似上段〔越絕書〕引文的說法，將木、石、青銅、鐵器作有序的安排，也提及一些神話中的統治者。我們可以用一整本書來討論這些「原始考古學」。

其次，在工藝進程的三個分期中，中國的遞衍比歐洲較為快速也較複雜，以致有些與其說在史前，不如說已在歷史撰述之中，比如說石器在商代仍然在普遍使用，甚至一直延用到周代的中期，那時可能已有鐵器的出現，因為似乎在任何時代，青銅都少用來製作農具。而醫師針刺治療時用的針似乎也一直頑守著用尖銳石頭的傳統，這種石針叫做砭石。比商代較早的新石器文化大都稱爲夏代，一般認爲那時沒有青銅器；然而無論如何，銅、錫和青銅（青銅卽爲銅錫的合金）的冶金技術，在商代很快就達到一個高峯，而這當時稱爲「美金」的美麗金屬，一直到周代中期，都還用做武器和祭祀用的容器。至於鐵的引用則完全在有史記載時期，大約是在稍早於至聖先師孔子到元前六世紀中期之時，讀者應很容易推想鐵的引用對社會所造成的深遠影響。

所以那些傲慢地有意貶斥袁康和留克利希阿斯的人是難獲公允的，他們也許會說：「這並不是一個在兩千年前卽在科學上占先了一步的例子，他們只不過機敏地要弄了一下沒有任何事實基礎的可能性的戲法，也沒有去驗證這些可能性。」這可的的確確完完全全的錯了，根本不是這麼回事，周、漢的學者的確沒有做什麼地層學上的發掘工作，但他們對工藝的三段分期的信念有安穩的基礎，遠超過上述批評者所想像的，因爲周漢文明的發展速度已使學者們成爲了歷史家，而不是史前學家。

現在我們可以談一談遠超過遠古技藝發展這層面的知識上的進展了。我們在此要談論人類知識隨時間逐步發展這觀念的承認問題，如果認爲中國文化沒有產生這樣一個觀念就錯了，你們可以在每一朝代的教科書上找到：除了對遠古創制文明聖人的崇拜外，中國的學者和科學家相信從遙遠的祖先到他們知識已有了進展。從中周到淸代大約一百二十種的天文曆表可以說明這一點。這些中國人叫做「曆」，却是眞正的天體位置推算表，正如同英國在格林威治的皇家天文臺印行的「船海歷書」(Nautical Almanac)一樣，不幸却被西方的天文史家，包括我在內，所忽視了。在中國，幾乎每一個新皇帝要一個新曆，要求新曆比任何已往的曆法更好更正確，在中國沒有一個數學家或天文家會想到去否定他們的專技科學不在繼續發展與進步。我的一位日籍同事Hashimoto Keizo寫過一本書詳細討論中國天文家每一種曆法中天文常數正確度的改進。同樣的情況也適用於中國的本草學者，他們對大自然國度的描述也在增長，增長，再增長。你們可以看一看從元前兩百年到元後一千六百年主要本草類書中所收藥品的數目，而你們若依數目對年代畫一個圖，就可明顯看出各時代的知識成長。你們可以發現在元後一一〇〇年後有大幅度的成長，這是因爲對外國（主要是阿拉伯與波斯）的礦物、植物與動物有了更近一步的熟稔。

中國與歐洲的地位是值得詳細對照比較的。柏利（J. B. Bury，劍橋的歷史教授）在其一九二〇年所寫的〔進步的觀念〕(*The Idea of Progress*)一書中，證明在法蘭西斯・培根（一五六一～一六二六）之前西方學者的文獻中很少能找到進步觀念的端倪。這個觀念的誕生出現在十六世紀與十七世紀時關於「現代的」與「古代的」的著名爭論之中。而許多人文學者的研究也顯示，有許多新事物，諸如火藥、印刷和羅盤，是古代西方世界所沒有的。這些發明來自中國與亞洲的事實久已爲人所忘，但現在科技史與這個事實的發現一併自一團混亂中誕生出來了。

柏利探討過進步觀念與一般文化史的關係，科學史家雷塞爾(Edgar Zilsel)則擴大柏氏方法來探討進步觀與所謂「科學的典型」(ideal of science)間的關係。他認爲科學進步的典型包含下列幾個概念：(1)科學知識是由各世代的工作者的努力一磚一石地建構起來的；(2)這種建構現在絕未完成；(3)科學家的目標是對這建構的無私奉獻，或者是爲了他本身，或者是爲了公衆的利益，但不是爲了名望，個人的知識，或私下的個人利益。雷塞爾證明，無論是文字或行動，這些信念在文藝復興之前，都是不平常而難得一見的，卽使有也不在學者之中，學者們仍然在追尋個人的榮耀，而是在高級工匠之間，其間從工作中自然滋生出合作——諸如塔他格里亞（Nicholas Tartaglia，一五〇〇—一五五七，義大利工藝家，發現砲彈的最大射程是在仰角爲45°時），這位偉大的砲手，以及製造船用羅盤的諾曼（Pobert Norman，十六世紀時期的英國工藝家）等人。

既然資本主義興起的時代社會情況極利於這些工藝家的活動，他們的典型能某種程度領導世界，雷塞爾曾探索到工藝和科學上的連續進展概念的第一次出現，是在羅里克惹（Mathias Roriczer，十五世紀的奧國建築師）身上，他在一四八六年出版了一本論教堂建築的書。雷塞爾說道：「因此，科學無論是在理論方面與實用方面，開始被認爲是非個人目標的合作產物，一種無論是過去的，現在的，或將來的科學家，都參與一份的合作。」他繼續說在今天這個概念或典型已幾乎被認爲是自明的，然而沒有任何婆羅門教、佛教、回教和拉丁文學者，以及孔門學者和文藝復興時代的人文主義者，甚至古代經典的哲學家與修辭學者曾達到這一點；不過雷塞爾如果不提及孔門學者，或等到歐洲人對中國瞭解更多時再談的話，雷塞爾的結論無寧更好更貴在，因爲事實上在中古中國，在科學訊息上應累積、無私、合作的概念，遠比文藝復興以前的西方任何地方都爲司空見慣。

但在引用經典以支持我的論點前，我們必需注意到中國對天文學的長久探索並不是基於個人的觀星癖好，它是由國家推動的，一般的天文學者不是散兵遊勇，而是常在皇宮內的皇家天文台的成員；這一點無疑既好也壞，但團隊的累積風尚在中國科學中無疑是根深蒂固的。在天文象表的周圍集結了一整隊的優良計算家和製作儀器家，這種情形對八世紀時的一行和尚，十一世紀的沈括，十三世紀的郭守敬都是一樣的。對天文學者如此，對自然學家也不例外，因爲不少本草藥典是奉皇家命令撰輯的，此中最早的是六五九年刊行的〔新修本草〕，比西方第一本皇家藥典，約一六五九年刊行的〔倫丁蘭西斯藥典〕(Pharmacopoeia Londinensis)早約一千年。並且我們還知道一大羣人在長達二十年的資料收輯和分類學的處理上，是共同工作，合作無間的，西元六三〇到六六〇年蘇敬所領導的工作小組就是如此。因是把知識建構在相忍合作上的中國中世紀科學家，非常像一個歷史學者，他們的團隊精神完成了許多爲我們所知的極佳作品。

現在我要引用一些古代的名言雋語來增色我對中國科學上述特性的論點。科學是有關大自然知識建構的一代一代的累積，展現自然，每一代都可經經驗以觀察和新的實驗而有所增添，柏奈(Edward Bernard)在一六七一年曾寫過：「書籍和實驗同心協力時會功德圓滿，但分開來就不完美了，因爲無教養的文盲忽視前人的努力，而讀書者被故事所欺瞞，而不是傾心科學。」

這種經驗論的主調在中國傳統中是很強烈的。我喜歡〔愼子〕中的幾句話：「治水者，茨防決塞，九州四海，相似如一，學之於水，不學之於禹也。」〔愼子〕大概成於三世紀，而八世紀我們又可找到像〔關尹子〕上這樣的說法：「善弓者，師弓不師羿；善舟者，師舟不師夏；善心者，師心不師聖。」，而他們所傳遞的是〔莊子〕在輪扁故事中所表達的意思，輪扁是齊桓公的製輪工匠，他進諫桓公只知讀古人糟粕的古書，而不知由有關民衆本性的知識中去求治國之道，因此他由他是實地瞭解木頭與金屬的性質來製輪以勸諫桓公。（按；此故事出於〔莊子〕「天道篇」）。

因此順著儒家對古聖的崇敬，和道家對已逝原始社會的輓歌中，會找到充盈類似信念的來源，即知識已成長，還會繼續增長而無所限制，只要人們去探討外在的事物，並且把知識建構在只要別人探討外在，就會覺得可信靠這基礎上，〔大學〕中曾意義深遠的提及「格物致知」這句話，而可能爲孟子學生樂正克所撰的〔大學〕，後來成爲士子必需研讀的〔四書〕之一，而「格物致知」這句話也成爲中國各代的自然學者和科學思想家的座右銘。

在中國沒有任何一個世紀找不到科學是隨時間而累積，無私和合作事業的名言。死於二〇八年的孔融曾說過一句常爲後世引用的話，他的意思是比之古聖賢的名言教訓，智者的觀念往往對其同時代的情況更爲洽切，孔融是藉只有正流過水輪的水，才能推動大槌去搗碎穀物和礦石來解說他的觀點的。而在大約西元二十年時，桓譚就曾歷述過人力，獸力和水力在工業上的次第運用，這種分期觀念與前述石器、銅器、鐵器的工藝分期有異曲同工之妙。

在天文學和地球物理學方面，西元六〇四年時劉焯對日晷投影的研究在當時執世界之牛耳，並建議了對地球圓周南北向的子午綫弧的度量，他於隋文帝仁壽四年造皇極曆時曾上書，中有言：「先儒者，皆以爲影千里差一寸。……考之算法，必爲不可，…請一水工，並解算術士，取河南北平地之所，可量數百里，南北使正。審時以漏，平地以繩，隨氣至分，同日度影。得其差率，里即可知，則天地無所匿其形，辰象無所逃其數，超前顯聖，效象除疑。請勿以人廢言。」(見〔隋書〕，「天文志」)要超前聖，驗象除疑，然而文帝並沒有聽從他的建議，因此劉焯的願望就只有等待下一個世紀來實現，在七三三年到七二六年之間，一行和尚與南宮說領導下，作了著名的子午綫弧測量，測量活動的全程是兩仟五佰公里，這一次所測與以前所接受的值不同，這種做法表示對有關宇宙的年代久遠的信念，必需臣服在進步的科學觀察之下的看法已爲人所信服，即使這樣會使先儒蒙羞，也在所不計。再者，在十一世紀末，累積進步的觀念也抵抗了每一新朝代，每一新政權，必須使每一事物更新的迷信，那時一位新宰相想毀棄蘇頌所建的大天文鐘，這無疑有相當的政治用意，但兩位學者官員晁美叔與林子中起而抗爭，他們極度稱讚這天文鐘，推許這是古來計時器的一大進步，必須極力加以保護，他們成功了，天文鐘繼續滴答下去，直到一一二六年北宋首都被金人攻下時才面臨不幸，但也只是運到現今北平附近的金人首都，在那兒又重建了，這一來又繼續運轉了一二十年，直到金朝沒有人會修理它時才停止下來。

與這些天文鐘故事相隨而生的表示常是：「以前的東西沒有比這個好的。」這個例子在元代最後一位皇帝順帝（名妥歡帖木耳）時（一三五四年）又發生了一次，他自己也領導建造了一座水力運轉的時鐘。這都顯示出中國學者事實上很注重科學和技藝的改進，決不會在面對古聖的製作時永遠表示那麼無能的樣子。剩下的問題就是要看看文藝復興前的歐洲，在知識和技藝上是否有如中國人一樣的進步發展觀。

所有的資料告訴我們，西方有一廣爲流傳的信念，即傳統的中國文化是靜態的，停滯的，這是對東方的標準誤解，然而無論如何，如果用「類同穩定的」(homoeostatic)或「自動控制的」(cybernetic)這些字眼就較公允了，因爲中國社會中有某些因素可以在一切擾動後，使社會回復原先的特性，即官僚封建制度的特性，不管這些擾動來自於內戰，外侮，還是發明或發現。只要中國的發明到了歐洲，看看歷史上中國發明所造成歐洲社會體系的震撼將極有趣。我在上幾次演講中提過的黑火藥就是一個例子，黑火藥對西方軍事貴族封建政治的傾覆，和封建城堡的破滅有極大的助力，然而這使用已在中國發明使用的五個世紀之後，反過來來講，西方封建制度是與騎兵的馬鐙相偕而生的，但在發明馬鐙的中國，卻未曾造成社會秩序的如是擾動。而中國人之精通鑄鐵早於歐洲十三個世紀又是另一個例子，在中國鐵器的使用深入民間，用途廣泛，用於日用和戰爭都有，但在歐洲卻用來製造大砲，摧毀了封建城堡，以及製作工業革命中的機器。

於是所顯示的事實就很單純，中國科學與工藝的進展跨的是緩慢而穩定的步伐，西方在文藝復興誕生了近代科學後，是指數式地上昇，完全超越了中國。有人說西方在文藝復興的伽利略時代，發現了促進發現的最有效方法，而我認爲這是可能爲眞的一條途徑，那時有將對自然的假設數學化的思想，也有要去做實驗以驗證的恒常驅動。而重要的是要認識雖然中國社會有如是的自我調節與穩定的功能，但對科學和社會上的進展觀念，以及隨時間而眞實變遷的觀念也是有的，因此無論保守主義的力量有多大，中國並未具有對近代自然科學和工藝發展的意識型態上的障礙，只要時間成熟就行，而這的確就是在今天。

最後我們要處理在目前狀況下可能招致的最大問題：卽在中國與西方的時間觀念和歷史特徵中，如果有差異的話，是否能將之與近代科學與工藝只在西方文明中誕生的事實聯繫起來看？許多哲學家和作家所持的論點如下：第一，基督教文化在歷史上的心智勝於其他文化，第二，如是在意識型態上就有利於文藝復興和科學革命時近代自然科學的成長。

上述的第一點是歐美的歷史哲學家津津樂道的，基督教與別的宗教不一樣，就在於它與時間有不朽的聯結，因爲自基督肉身下凡就有了時間上的一定點，也賦與整個歷史以意義和形態，基督教植根於以色列，那是一個有自己先知預言的傳統，其文化中時間是眞實的，且爲眞實的變化所介附。希伯來人是第一個給予時間以價値的西方人，第一個看見神與耶穌基督顯現意旨的人，這些事件是時間上的記述，賴於基督教的思想，整個歷史就繞一中心，一個時間上的中點，卽耶穌生命的歷史性，而建構起來，自神創世時開始，經過亞伯拉罕的立誓，到耶穌基督的二度降臨，卽救主再臨的千福年這世界末日爲止。

原始基督教完全不知道一位超乎時間的永恒上帝，那永恒的「現在如是，過去如是，將來如是」（這是東正教禮拜禱文的宏朗文辭）。這樣的顯示就是一連續的，綫性的，在時間中不斷的救贖過程與計劃。在這樣的世界觀下，不斷再現的每一個現在永遠是唯一的，不可重覆的，決定性的，有一個開放的將來等着他，並且能受到個人行動的影響，這種影響對整體的不可逆轉，有意義的被導向可能有助，也可能有妨，因此歷史中的社會目的，人的神格化就被肯定了；意義與價值也就賦予了，正如同神本身卽以人的特性顯現，並將其死亡作爲擔負所有犧牲的符號。世界的進程，總而言之，不過是在單一舞台上所扮演的一幕聖劇而已，是不會重演一遍的。

通常是以希臘和羅馬世界的觀點來對照這種觀點，特別是希臘的觀點，其強調循環的觀念。在紀元前八世紀海希奧德（Hesiod）的詩中我們聽到相繼的時代在重覆自己，它們的永恒再現是畢達哥拉斯（Pythagoras，幾何上畢氏定理的創制人）所確定敎誨過的少數信條之一。希臘精神的另一端則顯現了四世界分期的斯多亞（Stoic）學派的禁欲主義者，和羅馬皇帝馬卡斯、奧里歐斯（Marcus Aurelius）的宿命論式的虔信主義。亞里斯多德與柏拉圖則慣於思索每一門藝術與科學有許多次曾完全發展過，然後再死亡，因是時間是會再回到起點，而所有的事物都會回到起始時的狀態。這樣的概念通常是與天文學上觀察和計算上的重現相提並論，卽所謂的「大年」這記號（這可能來自巴比倫）。

如是，循環的再現阻礙了自然所有的眞正奇妙，因爲將來是決定且閉合的，現在不是唯一的，所有的時間必然是過去的時間：「曾是什麼的，將來也是什麼；曾做什麼的，將來也做什麼，太陽底下沒有新鮮的事。」於是救世被認爲是唯一能逃脫時間世界的，這也許就部分導致了希臘人之迷於無時間感之演繹幾何學形式，以及柏拉圖概念論的形成，和所謂「神秘宗教」。

至於從存在巨輪無休止地重覆（按即所謂輪廻）中解脫出來，就立刻導致佛教與印度教的世界觀了。如是看起來非基督教的希臘思想在這方面就與印度思想極爲相像了。四十億人類年構成梵天一日，梵天一日的清晨是改造和進化的開始，最後以世界球帶著其上所有生物的死滅與再吸入絕對而終止。

每一個梵天日的起降帶來曾現過的神話事件，諸神與泰坦神（Titans）輪流獲勝，護持神（Vishnu）肉身顯現，牛奶洋攪件翻騰著，以獲得長生不朽之藥，以及印度史詩作者拉馬亞那（Ramayana）和馬哈巴哈惹答（Mahabharata）詩中所敘功績，因是正如亞塔卡（Jataka）佛陀故事中所述者，佛陀無以數計的肉身顯聖。歷史的唯一性遂不再眞正地存在印度思想之中，結果一般都認爲在世界幾大文明之中，印度是最缺乏歷史心靈的。而在希臘及希臘化這不受以色列影響的世界中，也只有極少數的人能打破流行的循環學說——如歷史家希羅多德（Herodotus，元前四八〇年至四二五年）和修西的底斯（Thucyides，元前四六〇年至四〇〇年），甚至還只是部分擺脫而已。當然這種世界觀的無望性在印度被每一代夫婦大幅度地修正了，這方面印度教徒更好於佛教徒——事實上，這種虛無恬淡的禁欲主義至少在每個人的生命期中，對日常社會生活給予了部分的榮光。

保羅·田立克（Paul Tillich, 一八六六～一九六五），這位落脚紐約的偉大神學家，他曾將這兩大型世界觀的特性加以整合，並化成了諷刺警句的形式。在印度和希臘精神裏，空間前導了時間，因爲其時間觀是循環的，永恒的，因此時間世界就不及無時間感的不朽世界那麼眞實了，也失去了至上的價值。只有穿透「變成」（becoming）的塵世之幕，才能找到「存有」（Being），救世的工作也僅能由個人所達到，而不是羣體。世界各時代相繼崩毀，最適當的宗教遂若不是多神教，把某些空間神格化，就是泛神論，把所有空間神格化。這種世界觀是今世的全神似乎貫注於正在進行的現在，不敢展望將來，只在無時間的不朽上找尋持久的價值，因此必然是厭世悲觀的。至於猶太和基督精神，則時間前導了空間，因爲運動是被引導和有意義的，可目擊到善與惡之間的長久鬥爭（在此古波斯的精神加入了以色列和基督教），且在其中善將戰勝，因此時間世界本質上是善的。眞正的存有內在於變成之中，救世是爲了存在並穿透歷史的羣體，世界被固定在使整個進程有意義的中心點上，克服了任何自我毀滅的趨向，創造了不會爲時間所挫損的新事物。因此最適當的宗教是一神教，上帝是時間和發生在時間中的一切的控制者。這種世界觀似乎是「他世的」，輕視這一生的事物，忠實於未來，正如同忠實於過去一樣，因爲世界本身是可救贖的，而不是虛幻的，上帝的國度會要求這麼做，因是就必然是樂觀的。

是我認爲我們可以確然接受基督教的這種歷史意識。前述的一些歷史哲學家的論點的第二部分，則是這種歷史意識直接建構了文藝復興時近代科學與工藝的興起，這個理由是可與其他影響科學革命的因子相提並論而不遜色的。而這也可解釋爲什麼科學革命只發生在具有這種意識的歐洲，而不發生在缺乏這種意識的別種文化之中（別種文化是否眞缺乏這種意識只是那些歷史哲學家的推想）。

無疑的時間是所有科學思考的基本參數，是自然宇宙的一半，也是平常時空因次的四分之一（按：三因次的空間加一因次的時間成爲四因次），所以任何誹謗時間的習慣對自然科學是沒有益處的。時間必需不被打發爲虛幻，不在與超越，不朽比較下貶值，它是所有自然知識的根基，不管這知識是因涉及大自然的一致性，而爲不同時代的觀察而得知；還是因必需涉及時間的推移，而要盡可能正確地做實驗加以量度。

而因果性的接受，是科學的基本，也必須借助於時間是眞實的信念。乍然一看，似乎下面一點不够明晰，卽爲什麼科學得助於猶太與基督教的綫性時間觀的，遠較獲助於印度與希臘的循環時間觀的爲多，因爲若時間週期足够長的話，那實驗家就感覺不出來了，這是因爲循環理論衰化了自然知識需要連續，累積，絕不會完成的心理，這種來自高級工匠的心理典型最後形成了皇家學會及其成員。並且人類科學努力的一切，如果事先命定要消散於無形，而且只有在一個又一個的無限長時代裏，靠無休止的苦工來加以重建，人們大概就會從宗教的冥思中去獲得解脫，或者訴諸斯多亞學派禁欲似地超脫，而不會去日以繼夜地使自己精疲力竭，也不會與自己的同僚投身於潛在的火山邊摸瞎地建構沙洲了。

當然人類的心理不會老是這樣地衰化掉，否則亞里斯多德就不會辛苦地做動物學研究了，但無論如何，從社會學角度來相信大致是合乎道理的，因爲在十七世紀的科學革命中，不同於古希臘個人主義的是：許多人的自發合作成爲了必要的成分，而循環時間觀的流行無疑會嚴重阻止這種現象，但綫性時間觀則爲這種現象的明顯背景。

就社會學而言，綫性的時間觀可能也已走了另外一種方式。強調一下那些苦心孤詣於「教會與國家的根幹重建」的人的努力可能是很好的，因爲他們不僅帶來了「新的」或說是實驗的科學」，也帶來了資本主義的新秩序。難道那些早期的改革家與商人不是已相信了社會革命性的，決定性的和不可逆的轉變的可能性嗎？綫性的時間觀當然不能成爲這一切變成可能的基本經濟條件之一，但却可以成爲幫助這種過程的心理因素之一。變化的本身有著不下於時間觀的神聖權威，因爲新的約誓取代了舊的，預言已隨宗教改革的騷動而實現了，且以自西元四世紀初具有社會主義性格的唐奈派（Donatist），直到十四、五世紀的胡薩（John Hus）的跟從者們，這整個基督教的革命傳統爲其後援，人們再度受了天啓地夢想在地球上建立起上帝之國的基礎。一循環的時間觀不能包含天啓的時間。在許多方面，無論十六七世紀的科學革命是如何的嚴肅，如何的受到許多君王的佑護，却與這些洞燭的先見有著血緣的關係。喜歡攻擊中世紀煩瑣哲學的英國思想家葛蘭維爾(Joseph Glanville)在一六六一年寫了如下的句子：「那些沮喪地說著『沒有任何事過去沒有過，沒有任何話過去沒說過』的人，在我的腦海裏不會爲他們留下任何的空間，我決不把我的信念牢繫在所羅門的信上；最近的這些世代已顯示給我們古人連做夢都看不到的事情。」完美不再只存在於過去，書籍和古老的作者被擱在一旁，喜歡做蛛網式推理的人轉而對大自然採取新的實驗方法和數學化的假設，因爲發現事物的方法已被發現了。

這些世紀過去後，綫性的時間觀更深深影響了本世紀的自然科學，因爲發現宇宙中的星球也是有歷史的，宇宙的演化已被借來做探究生物演化和社會演化的背景。十八世紀的啓蒙運動也將猶太—基督教的時間觀世俗化到對進步的信念上，這信念仍與我們常相左右，即使在今天，當人文學者，和馬克斯主義者與神學家爭論不休時，穿著的是不同顏色的外套，外套的確是同樣的外套，只不過反穿皮襖罷了。

這帶領我們來考慮中國文明的地位了。在綫性不可逆的時間觀與永恒循環的神話的對照中，中國站在那裏？無疑它秉具兩者觀念的要素，但大而言之，以我的意見(無論反對者會怎麼說)，綫性的時間觀是主導者。當然在歐洲文化中，時間的概念化也是如汞合金般的混合物，因爲雖然猶太—基督教的態度無疑是主導者，但印度—希臘的態度絕未消失。我們可以從當代斯賓格勒(Spengler)的歷史觀中看得到這點，這個情況且會永遠繼續下去。當聖奧古斯丁(Saint Augustine)於「上帝之城」這書以單向綫性時間觀完成他的基督教義體系時，西元二、三世紀的克里門(Clement of Alexandria)（在亞力山卓地方，爲教會之父之一，以用希臘文化發揚基督教著稱），非力克斯(Minucius Felix)，和阿諾比亞斯（Arnobius)却喜好類似「大年」（Great Year)的靈魂循環說。但這些無一對歐洲有眞正的影響，而我也不必舉同樣的其他例子了。

在中國的情形是差不多的。循環的時間觀在早期的道家學者，後來相信循環的因果報應的道教，以及有週期性混沌開闢觀下的宇宙演化，社會演化，生物演化論的新儒家中，的確是突出的概念。後來的道教和新儒家的觀念無疑受到了印度佛教的影響，印度佛教帶給中國對梵天日或上千梵天日的熱愛，但早期的道家哲學是在受這種影響之前的，其中的確找不到任何循環觀的完成型式，相反的却找到了基於四季的更替循環和生物的生老更替，所造成的詩意化的順天聽命，但是所有前述都未計入瓜替綿迭的大部分中國人民，和在官僚機構服務的孔門學者，他們協助皇帝舉行久遠相傳的祭天崇拜，或說對大自然表示尊崇，他們或也任職於天文監或太史局。

其實漢學家在百餘年前已承認中國文化中有綫性時間觀的知覺意識，特別是在歷史撰述上超乎尋常的成功中，這一點也許較任何其他文化偉大。柏德（Derk Bodde）在一篇有趣的論文中如是寫著：

「與中國人強烈的對人文事務的關切緊密聯繫的是中國人的時間感，這是一種人文事務必須適切安排到時間架構上的感覺。這樣所造成的成果就是卷籍繁富的史傳文學，綿延上下三千年，這種歷史學有很明確的道德目的，因爲研究了過去，人就知道如何在現在與將來安排自己。……中國人的這種時間心智使他們與印度人之間刻劃下了另一個尖銳的差異。」

柏德在這裏寫下的是中國偉大的歷史傳統，此中視仁與義爲人類史中具體的東西，並保留人類事務中表現仁義的紀錄。史家的褒貶是爲了「有助於政府」，雖然這樣一方面有所限制，一方面也有點傾向於結晶化，以致成爲死的敎條，但却不同於佛家信念中的宿命苦業的概念。且此所肯定的就是罪惡的社會結果來自罪惡的社會行動，並可能導致罪惡統治者的敗亡，這種罪可能也只懲及家族或朝臣，但有罪是無所逃於天地之間的，善惡的賞罰僅涉及某一個人的輪廻這件事完全是外來，而非中國的，孔門史家對羣體的關切遠超過個人。如果中國人的時間觀不是綫性的，那就很難解釋他們如何具有這樣的歷史心智，和如蜜蜂般的羣體生活。尤有進者，中國文化中絕不缺乏社會演化理論，發明性的文化英雄的開啓各種工藝時代，以及接受人類科學的累積成長，無論是純粹科學或應用科學。

最後我們可以比較性的高估一下猶太—基督敎具有世界性意義的，有時空中某一特殊點展開的時間之流（按：意指耶穌的降生，公元紀年的起始），這在中國爲西元前二二一年秦始皇的統一帝國，這且爲中國歷史思考上無法忘却的焦點，神聖的與世俗的結合了，沒有敎皇與皇帝政治權力的二分爭執來破壞，這一點太重要了。如果還需要更多的精神典型，那聖者的生命，萬世師表的孔夫子，中國文明倫理的高貴塑造者，無冕的「素王」，可以告訴你今天他的影響仍活生生地存在，且至少與西方或中東任何偉大的宗敎或倫理先師，同具其歷史性。儒者的外顯需要在許多證據的光照之下加以返觀，這是我嘗試但今晚無法做到的。聖人之道在他活著時並未實施，但他確信在任何時間，任何地方實施的話，男男女女將生活在安詳與和諧之下；這種忠誠與基督敎的比較，可以說是中國的天道較少了超自然的世界成分，但這種忠誠結合了道家原始主義隱含的革命性概念後，那根本性天啓的大同與太平之想是可以努力企及的。而保羅田立克曾寫過：「現在是過去的延續，但決不是將來的前行者，在中國文學中對過去有很好的紀錄，但沒有對將來的期望。」因此我要再度說，歐洲人如對中國文化所知不多時，去下肯定的結論最好避免。天啓的，或說米賽亞的，通常是演化的，進步的，時間上確定是綫性的—這些要素自商代以來在中國是一直有的，且是自發和獨立發展出來的，並不論中國曾出現過，或想像過上天的或塵世上的週期變換，綫性的觀念一直是主宰儒家學者和道家農夫思想的要素。

因此那些仍具有「無時間感的東方」(timeless orient) 觀念的人是奇離的，中國文化就整體而言，較多波斯，猶太—基督敎的成分，而較少印度，希臘的成分。因是結論就很自然躍現了：如果中國文明沒有自發地發展出如西歐般的近代自然科學，固然中國在文藝復興之前的十五個世紀較為進步，但這卻與中國對時間的態度無關，需要研討其他的意識型態因素，且遠離固結的地理的，社會的和經濟的條件與結構之外，這因素可能浮現來承擔解釋的主要責任。

「思與言」第二十一卷第五期，一九八四年一月

滄海叢刊已刊行書目㈧

書名	作者	類	別
文學欣賞的靈魂	劉述先	西洋	文學
西洋兒童文學史	葉詠琍	西洋	文學
現代藝術哲學	孫旗譯	藝	術
音樂人生	黃友棣	音	樂
音樂與我	趙琴	音	樂
音樂伴我遊	趙琴	音	樂
爐邊閒話	李抱忱	音	樂
琴臺碎語	黃友棣	音	樂
音樂隨筆	趙琴	音	樂
樂林蓽露	黃友棣	音	樂
樂谷鳴泉	黃友棣	音	樂
樂韻飄香	黃友棣	音	樂
樂圃長春	黃友棣	音	樂
色彩基礎	何耀宗	美	術
水彩技巧與創作	劉其偉	美	術
繪畫隨筆	陳景容	美	術
素描的技法	陳景容	美	術
人體工學與安全	劉其偉	美	術
立體造形基本設計	張長傑	美	術
工藝材料	李鈞棫	美	術
石膏工藝	李鈞棫	美	術
裝飾工藝	張長傑	美	術
都市計劃概論	王紀鯤	建	築
建築設計方法	陳政雄	建	築
建築基本畫	陳榮美 楊麗黛	建	築
建築鋼屋架結構設計	王萬雄	建	築
中國的建築藝術	張紹載	建	築
室內環境設計	李琬琬	建	築
現代工藝概論	張長傑	雕	刻
藤竹工	張長傑	雕	刻
戲劇藝術之發展及其原理	趙如琳譯	戲	劇
戲劇編寫法	方寸	戲	劇
時代的經驗	汪琪 彭家發	新	聞
大衆傳播的挑戰	石永貴	新	聞
書法與心理	高尚仁	心	理

滄海叢刊已刊行書目(七)

書名	作者	類別
印度文學歷代名著選(上)(下)	糜文開編譯	文學
寒山子研究	陳慧劍	文學
魯迅這個人	劉心皇	文學
孟學的現代意義	王支洪	文學
比較詩學	葉維廉	比較文學
結構主義與中國文學	周英雄	比較文學
主題學研究論文集	陳鵬翔主編	比較文學
中國小說比較研究	侯健	比較文學
現象學與文學批評	鄭樹森編	比較文學
記號詩學	古添洪	比較文學
中美文學因緣	鄭樹森編	比較文學
文學因緣	鄭樹森	比較文學
比較文學理論與實踐	張漢良	比較文學
韓非子析論	謝雲飛	中國文學
陶淵明評論	李辰冬	中國文學
中國文學論叢	錢穆	中國文學
文學新論	李辰冬	中國文學
離騷九歌九章淺釋	繆天華	中國文學
苕華詞與人間詞話述評	王宗樂	中國文學
杜甫作品繫年	李辰冬	中國文學
元曲六大家	應裕康 王忠林	中國文學
詩經研讀指導	裴普賢	中國文學
迦陵談詩二集	葉嘉瑩	中國文學
莊子及其文學	黃錦鋐	中國文學
歐陽修詩本義研究	裴普賢	中國文學
清真詞研究	王支洪	中國文學
宋儒風範	董金裕	中國文學
紅樓夢的文學價值	羅盤	中國文學
四說論叢	羅盤	中國文學
中國文學鑑賞舉隅	黃慶萱 許家鸞	中國文學
牛李黨爭與唐代文學	傅錫壬	中國文學
增訂江皋集	吳俊升	中國文學
浮士德研究	李辰冬譯	西洋文學
蘇忍尼辛選集	劉安雲譯	西洋文學

滄海叢刊已刊行書目（六）

書名	作者	類別
卡薩爾斯之琴	葉石濤	文學
青囊夜燈	許振江	文學
我永遠年輕	唐文標	文學
分析文學	陳啓佑	文學
思想起	陌上塵	文學
心酸記	李喬	文學
離訣	林蒼鬱	文學
孤獨園	林蒼鬱	文學
托塔少年	林文欽編	文學
北美情逅	卜貴美	文學
女兵自傳	謝冰瑩	文學
抗戰日記	謝冰瑩	文學
我在日本	謝冰瑩	文學
給青年朋友的信（上）（下）	謝冰瑩	文學
冰瑩書柬	謝冰瑩	文學
孤寂中的廻響	洛夫	文學
火天使	趙衛民	文學
無塵的鏡子	張默	文學
大漢心聲	張起鈞	文學
回首叫雲飛起	羊令野	文學
康莊有待	向陽	文學
情愛與文學	周伯乃	文學
湍流偶拾	繆天華	文學
文學之旅	蕭傳文	文學
鼓瑟集	幼柏	文學
種子落地	葉海煙	文學
文學邊緣	周玉山	文學
大陸文藝新探	周玉山	文學
累盧聲氣集	姜超嶽	文學
實用文纂	姜超嶽	文學
林下生涯	姜超嶽	文學
材與不材之間	王邦雄	文學
人生小語（一）（二）	何秀煌	文學
兒童文學	葉詠琍	文學

滄海叢刊已刊行書目(五)

書名	作者	類別
中西文學關係研究	王潤華	文學
文開隨筆	糜文開	文學
知識之劍	陳鼎環	文學
野草詞	韋瀚章	文學
李韶歌詞集	李韶	文學
石頭的研究	戴天	文學
留不住的航渡	葉維廉	文學
三十年詩	葉維廉	文學
現代散文欣賞	鄭明娳	文學
現代文學評論	亞菁	文學
三十年代作家論	姜穆	文學
當代臺灣作家論	何欣	文學
藍天白雲集	梁容若	文學
見賢集	鄭彥棻	文學
思齊集	鄭彥棻	文學
寫作是藝術	張秀亞	文學
孟武自選文集	薩孟武	文學
小説創作論	羅盤	文學
細讀現代小説	張素貞	文學
往日旋律	幼柏	文學
城市筆記	巴斯	文學
歐羅巴的蘆笛	葉維廉	文學
一個中國的海	葉維廉	文學
山外有山	李英豪	文學
現實的探索	陳銘磻編	文學
金排附	鍾延豪	文學
放鷹	吳錦發	文學
黃巢殺人八百萬	宋澤萊	文學
燈下燈	蕭蕭	文學
陽關千唱	陳煌	文學
種籽	向陽	文學
泥土的香味	彭瑞金	文學
無緣廟	陳艷秋	文學
鄉事	林清玄	文學
余忠雄的春天	鍾鐵民	文學
吳煦斌小説集	吳煦斌	文學

滄海叢刊已刊行書目㈣

書名	作者	類別
歷史圈外	朱桂	歷史
中國人的故事	夏雨人	歷史
老臺灣	陳冠學	歷史
古史地理論叢	錢穆	歷史
秦漢史	錢穆	歷史
秦漢史論稿	刑義田	歷史
我這半生	毛振翔	歷史
三生有幸	吳相湘	傳記
弘一大師傳	陳慧劍	傳記
蘇曼殊大師新傳	劉心皇	傳記
當代佛門人物	陳慧劍	傳記
孤兒心影錄	張國柱	傳記
精忠岳飛傳	李安	傳記
八十憶雙親 師友雜憶 合刊	錢穆	傳記
困勉强狷八十年	陶百川	傳記
中國歷史精神	錢穆	史學
國史新論	錢穆	史學
與西方史家論中國史學	杜維運	史學
清代史學與史家	杜維運	史學
中國文字學	潘重規	語言
中國聲韻學	潘重規 陳紹棠	語言
文學與音律	謝雲飛	語言
還鄉夢的幻滅	賴景瑚	文學
葫蘆・再見	鄭明娳	文學
大地之歌	大地詩社	文學
青春	葉蟬貞	文學
比較文學的墾拓在臺灣	古添洪 陳慧樺 主編	文學
從比較神話到文學	古添洪 陳慧樺	文學
解構批評論集	廖炳惠	文學
牧場的情思	張媛媛	文學
萍踪憶語	賴景瑚	文學
讀書與生活	琦君	文學

滄海叢刊已刊行書目㈢

書名	作者	類別
不疑不懼	王洪鈞	教育
文化與教育	錢穆	教育
教育叢談	上官業佑	教育
印度文化十八篇	糜文開	社會
中華文化十二講	錢穆	社會
清代科舉	劉兆璸	社會
世界局勢與中國文化	錢穆	社會
國家論	薩孟武譯	社會
紅樓夢與中國舊家庭	薩孟武	社會
社會學與中國研究	蔡文輝	社會
我國社會的變遷與發展	朱岑樓主編	社會
開放的多元社會	楊國樞	社會
社會、文化和知識份子	葉啓政	社會
臺灣與美國社會問題	蔡文輝 蕭新煌 主編	社會
日本社會的結構	福武直 著 王世雄 譯	社會
三十年來我國人文及社會科學之回顧與展望		社會
財經文存	王作榮	經濟
財經時論	楊道淮	經濟
中國歷代政治得失	錢穆	政治
周禮的政治思想	周世輔 周文湘	政治
儒家政論衍義	薩孟武	政治
先秦政治思想史	梁啓超原著 賈馥茗標點	政治
當代中國與民主	周陽山	政治
中國現代軍事史	劉馥著 梅寅生譯	軍事
憲法論集	林紀東	法律
憲法論叢	鄭彥棻	法律
師友風義	鄭彥棻	歷史
黃帝	錢穆	歷史
歷史與人物	吳相湘	歷史
歷史與文化論叢	錢穆	歷史

滄海叢刊已刊行書目(二)

書名	作者	類別
語言哲學	劉福增	哲學
邏輯與設基法	劉福增	哲學
知識·邏輯·科學哲學	林正弘	哲學
中國管理哲學	曾仕强	哲學
老子的哲學	王邦雄	中國哲學
孔學漫談	余家菊	中國哲學
中庸誠的哲學	吳怡	中國哲學
哲學演講錄	吳怡	中國哲學
墨家的哲學方法	鐘友聯	中國哲學
韓非子的哲學	王邦雄	中國哲學
墨家哲學	蔡仁厚	中國哲學
知識、理性與生命	孫寶琛	中國哲學
逍遙的莊子	吳怡	中國哲學
中國哲學的生命和方法	吳怡	中國哲學
儒家與現代中國	韋政通	中國哲學
希臘哲學趣談	鄔昆如	西洋哲學
中世哲學趣談	鄔昆如	西洋哲學
近代哲學趣談	鄔昆如	西洋哲學
現代哲學趣談	鄔昆如	西洋哲學
現代哲學述評(一)	傅佩榮譯	西洋哲學
懷海德哲學	楊士毅	西洋哲學
思想的貧困	韋政通	思想
不以規矩不能成方圓	劉君燦	思想
佛學研究	周中一	佛學
佛學論著	周中一	佛學
現代佛學原理	鄭金德	佛學
禪話	周中一	佛學
天人之際	李杏邨	佛學
公案禪語	吳怡	佛學
佛教思想新論	楊惠南	佛學
禪學講話	芝峯法師譯	佛學
圓滿生命的實現(布施波羅蜜)	陳柏達	佛學
絶對與圓融	霍韜晦	佛學
佛學研究指南	關世謙譯	佛學
當代學人談佛教	楊惠南編	佛學

滄海叢刊已刊行書目(一)

書名	作者	類別
國父道德言論類輯	陳立夫	國父遺教
中國學術思想史論叢(一)(二)(三)(四)(五)(六)(七)(八)	錢穆	國學
現代中國學術論衡	錢穆	國學
兩漢經學今古文平議	錢穆	國學
朱子學提綱	錢穆	國學
先秦諸子繫年	錢穆	國學
先秦諸子論叢	唐端正	國學
先秦諸子論叢(續篇)	唐端正	國學
儒學傳統與文化創新	黃俊傑	國學
宋代理學三書隨劄	錢穆	國學
莊子纂箋	錢穆	國學
湖上閒思錄	錢穆	哲學
人生十論	錢穆	哲學
晚學盲言	錢穆	哲學
中國百位哲學家	黎建球	哲學
西洋百位哲學家	鄔昆如	哲學
現代存在思想家	項退結	哲學
比較哲學與文化(一)(二)	吳森	哲學
文化哲學講錄(一)(二)(三)(四)	鄔昆如	哲學
哲學淺論	張康譯	哲學
哲學十大問題	鄔昆如	哲學
哲學智慧的尋求	何秀煌	哲學
哲學的智慧與歷史的聰明	何秀煌	哲學
內心悅樂之源泉	吳經熊	哲學
從西方哲學到禪佛教—「哲學與宗教」一集—	傅偉勳	哲學
批判的繼承與創造的發展—「哲學與宗教」二集—	傅偉勳	哲學
愛的哲學	蘇昌美	哲學
是與非	張身華譯	哲學